U0854227

中等职业教育建筑装饰专业课改成果教材

ZOUJIN JIANZHU

走进建筑

主　　编 ⊙ 许宝良
执行主编 ⊙ 戴　黎
执行副主编 ⊙ 朱佳颖

北京师范大学出版集团
BEIJING NORMAL UNIVERSITY PUBLISHING GROUP
北京师范大学出版社

图书在版编目（CIP）数据

走进建筑/许宝良主编．—北京：北京师范大学出版社，2017.12（2024.6重印）
（中等职业教育建筑装饰专业课改成果教材）
ISBN 978-7-303-22256-8

Ⅰ．①走…　Ⅱ．①许…　Ⅲ．①建筑装饰－职业教育－教材
Ⅳ．①TU238

中国版本图书馆CIP数据核字（2017）第085596号

教材意见反馈　gaozhifk@bnupg.com　010-58805079
营销中心电话　010-58802755　58800035
编辑部电话　010-58806368

出版发行：北京师范大学出版社　www.bnupg.com
北京市西城区新街口外大街12-3号
邮政编码：100088
印　　刷：北京虎彩文化传播有限公司
经　　销：全国新华书店
开　　本：787 mm × 1092 mm　1/16
印　　张：8.75
字　　数：190千字
版　　次：2017年12月第1版
印　　次：2024年6月第4次印刷
定　　价：28.00元

策划编辑：庞海龙　　责任编辑：林　子
美术编辑：高　霞　　装帧设计：锋尚设计
责任校对：陈　民　　责任印制：马　洁　赵　龙

《走进建筑》编写组

主　编 / 许宝良

执行主编 / 戴　黎

执行副主编 / 朱佳颖

编委 / 许　韬　吴运开　张晓红　祝春钢

前　言
PREFACE

本教材是根据《浙江省中等职业教育课程改革方案》精神，按照《浙江省中等职业学校建筑工程施工专业教学指导方案》《浙江省中等职业学校建筑装饰专业教学指导方案》中专业必修课程“建筑概论”“走进建筑装饰”的内涵要求，并参照建筑行业技术标准与规范编写的中等职业教育课程改革教材。

为全面深化中等职业教育课程改革，2014 年年底浙江省启动新一轮课程改革。省课程改革方案提出，以国际上“普职融合”教育大趋势作为改革取向，着力构建中等职业教育的选择机制，打破学生多样化发展的制度瓶颈，以学生的充分发展为教育之本，尊重学生的可塑性变化，尊重学生的兴趣特长，尊重学生的成长意愿，赋予学生更多的选择课程、选择专业、选择学制的权利。

但权利给了学生，学生就会选了吗？答案是否定的。

走进中等职业学校的学生，他们自己对职业缺乏关心，对专业缺乏了解。学校有必要给学生提供更多的职业、专业信息，让他们在专业老师的引导下，借助心理老师的辅导，通过体验做出自己的选择。而一本适合专业老师与心理老师对新生进行有效引导与辅导的教材——《走进建筑》的开发是十分必要的。

本教材力图通过引领学生对建筑赏鉴，对建筑行业与企业、建筑工程生产过程、建筑工作岗位、建筑专业学习内容与专业学习方法等调研、体验，把初中毕业生领进建筑专业学习的“大门”，帮他们顺利完成初中生到中职生的角色转变。教材同时可作为“导选手册”，让新生对“学建筑”产生兴趣的同时，了解建筑工程施工、工程造价、建筑装饰三个方向的用人需求与要求、需要掌握的专业知识与技能以及专业学习的方式与方法，并能根据自身的爱好、特点做出进校后的第一次专业方向与课程选择。

本教材具有以下三个特性。

一、创新性

1. 教材按“导学体验连续两周”编写，导学内容与校内、校外体验活动匹配。

2. 教材通过一系列理实一体的教学活动，让学生在做中完成相应的教学任务，充分体现了新的教学理念。

二、特色性

1. 教材凸显了浙江省建筑专业特色，体现建筑行业技术、区域经济发展需求，符合教学过程与生产过程对接的需求。

2. 教材能满足建筑专业学生需要，与省编同类教材、地方教材既相错位又紧密配合，是省编教材和地方教材的有效补充。

三、适用性

1. 教材能反映和满足建筑专业中等职业学校选择性教育的现实需求，准确把握专业培养目标，能够满足学生的个性发展需要，有利于夯实学生的职业素养，提高学生的知识水平，有利于优化学生今后的专业学习。

2. 教材图文并茂，能准确表达实际的教学设计和教学活动，符合学生的认知特点。

本教材试用版于2015年9月获评2015年浙江省中职课改选修教材A类，并已用于部分职业学校，师生反映效果良好。

教材教学时数为两周（54学时）。各项目学习建议如下。

项目	课程内容	教学时数 / 学时	教学建议
项目 1	走近新生	6	新生问卷调查；校内专业实训基地看、问、试、做、记；校外实训基地看、问、记；校企合作企业专家讲座
项目 2	你我眼中的建筑	8	家乡著名建筑实地欣赏；周边著名建筑参观、欣赏并记录；网络查看建筑常识
项目 3	建筑与我们	8	当地建筑工程施工、工程管理与建筑装饰企业以及项目工地参观
项目 4	建筑工程施工	8	校内虚拟仿真实训室看、问、做；知名建筑工程施工企业成功校友（建造师、监理工程师、施工员等）访谈；资深专业老师导学；优秀学长谈学习体会
项目 5	工程造价	8	校内虚拟仿真实训室看、问、做；知名工程管理企业成功校友（造价师、造价编审人员等）访谈；资深专业老师导学；优秀学长谈学习体会
项目 6	建筑装饰	8	校内虚拟仿真实训室看、问、做；知名建筑装饰企业成功校友（设计师与项目经理等）访谈；资深专业老师导学；优秀学长谈学习体会
项目 7	建筑准职业人	4	职业礼仪、建筑工程安全教育视频观看
项目 8	建筑与人生	4	开展团队拓展活动；使用“职业能力测试软件”对每位新生进行测试

本教材项目 1、项目 3 由戴黎老师编写，项目 2 由戴黎、许韬老师编写，项目 4 由祝春钢老师编写，项目 5 由张晓红老师编写，项目 6 由吴运开老师编写，项目 7、项目 8 由朱佳颖老师编写，最后由许韬老师统稿。

本教材附有丰富的数字资源，包括拓展阅读材料、项目任务解答等。通过扫描二维码可以获取相应的数字资源。其中，项目 2 任务 2 里的活动 1、活动 2，扫描二维码可以阅读国内外著名建筑的详细图文介绍；在项目 2 任务 3 和项目 3 任务 1 中，扫描二维码可获取相应的习题参考答案。项目 7 任务 1 的活动 2 中也含有相应的数字资源。

由于编者水平有限，书中难免有一些疏漏和不妥之处，恳切希望同行及广大读者给我们提出宝贵意见，以便进一步完善。

编者

目 录
CONTENTS

项目 1 走近新生

PROJECT ONE

学习目标

1. 记录校内、校外体验过程。
2. 能陈述建筑类中等职业学校与普通高中的区别。
3. 对建筑工程项目与建筑职业人有初步的感性认识。
4. 萌生要向职业人与专业人转变的意识。

建老师： 亲爱的同学们，欢迎你们的到来，我是建老师。从今天开始，你们将迈出从普通初中生向职业人角色转变的第一步，你们将开始与建筑亲密接触，建筑将成为你们今后从事的职业。你们准备好了吗？老师想要了解你们，你们自己也需要梳理一下自己对建筑、对职业、对就业的一些模糊想法。

小　美： 老师，您想了解哪些方面呢？我也想了解一下别的同学是否与我一样。

建老师： 老师设计了一份问卷，可以全面了解各位同学。

任务 1　问卷“知”学生与建筑之“缘”

任 务 主 题：你与建筑的缘分。

任务实施方式：填写调查问卷。

任务实施路径：学生完成问卷调查后小组长进行小计，班长与学习委员汇总。

学生完成问卷调查（表 1-1-1）后以小组为单位收缴交小组长，小组长统计数据填表（表 1-1-2），班长与学习委员汇总各小组数据并填表（表 1-1-2），班长向全班同学通报最后的统计结果。

表 1-1-1　新生问卷

问题与选项	学生选择
1. 你对建筑的喜爱程度如何？（单选） A. 毫无兴趣　　B. 偶尔关注 C. 经常关注　　D. 建筑就是我的生命	

续表

<table>
<tr><th>问题与选项</th><th>学生选择</th></tr>
<tr><td>2. 你选择填报建筑专业的主要原因是什么？（单选）
A. 自己喜欢　B. 父母决定
C. 朋友推荐　D. 成绩所限
E. 市场就业前景好</td><td></td></tr>
<tr><td>3. 你主要是从哪里了解各类建筑的？（单选）
A. 书籍　B. 影视
C. 生活中听说　D. 不了解</td><td></td></tr>
<tr><td>4. 你知道以下哪些是建筑大奖吗？（多选）
A. 鲁班奖　B. 普里茨克奖
C. 普利策奖　D. 南丁格尔奖</td><td></td></tr>
<tr><td>5. 对中国近代建筑贡献最大的是哪位建筑大师？（单选）
A. 梁思成　B. 李大钊
C. 梁启超　D. 康有为</td><td></td></tr>
<tr><td>6. 你知道哪天是世界建筑日吗？（单选）
A. 7月1日　B. 7月的第1个星期日
C. 8月的第3个星期日　D. 10月的第1个星期日</td><td></td></tr>
<tr><td>7. 你认为什么是建筑？（单选）
A. 平常见到的房子、道路、桥梁
B. 运用一定的科学规律和美学法则建造的人工环境
C. 运用一定的科学规律和美学法则及为实用创造的人工环境
D. 用于实用或者用于观赏的空间</td><td></td></tr>
<tr><td>8. 你认为建筑的作用是什么？（单选）
A. 用于投资
B. 各种不同的建筑有不同的作用
C. 只有极具艺术性和观赏性的才可以称得上是建筑
D. 为人类日常活动与居住提供支持</td><td></td></tr>
<tr><td>9. 你认为以下哪种属于建筑？（多选）
A. 桥梁　B. 道路
C. 高楼大厦　D. 交通信号灯</td><td></td></tr>
<tr><td>10. 你知道我们学校的建筑专业有哪些吗？（多选）
A. 建筑工程施工　B. 工程造价　C. 市政工程施工
D. 建筑装饰　E. 楼宇智能化设备安装与运行　F. 计算机美术
G. 古建筑修缮与仿建　H. 其他</td><td></td></tr>
<tr><td>11. 你报名时选择的是哪个专业？（多选）
A. 进校后选择　B. 工程造价　C. 市政工程施工
D. 建筑工程施工　E. 楼宇智能化设备安装与运行　F. 计算机美术
G. 古建筑修缮与仿建　H. 建筑装饰　I. 其他</td><td></td></tr>
<tr><td>12. 你知道进校后你有几次机会可以在建筑专业里进行专业方向选择吗？（单选）
A. 1次　B. 2次
C. 3次　D. 大于3次</td><td></td></tr>
<tr><td>13. 若现在有深入了解专业的机会，你最希望怎样做？（多选）
A. 看教材学习　B. 与学长及老师课外交流
C. 试着动手学一下　D. 到企业与项目工地参观
E. 参观周边著名建筑</td><td></td></tr>
</table>

续表

问题与选项	学生选择
14. 经过 3 年的学习，你希望的毕业去向是什么？（单选） A. 直接工作（就业）　B. 继续升学 C. 自主创业　D. 出国深造 E. 其他	
15. 你期望毕业后的起薪是多少？（单选） A. 1 000 元以下　B. 1 000 元 ~ 2 000 元以下 C. 2 000 元 ~ 3 000 元以下　D. 3 000 元 ~ 4 000 元以下 E. 4 000 元及以上　F. 没有明确的预期，依自己的能力及就业形势定	
16. 你对自己的就业就职持何种态度？（单选） A. 乐观　B. 一般 C. 悲观　D. 有点焦虑 E. 没好好想过　F. 无所谓	
17. 你觉得对就业影响较大的因素有哪些？（多选） A. 专业知识与技能　B. 实践经验 C. 吃苦耐劳、认真仔细负责的精神 D. 沟通表达能力 E. 相貌　F. 社会关系	

表 1-1-2　问卷调查结果汇总

组号（班级）___________　**全组人数（全班人数）**___________

题号	1	2	3	4	5	6
选择人数						
题号	7	8	9	10	11	12
选择人数						
题号	13	14	15	16	17	
选择人数						

建老师：刚刚结束的军训让大家感受了一把紧张而快乐的集体生活，而新生始业教育与这两天的校园生活，想必也让同学们已经能分辨出校园里学习与生活设施的不同方位了。

小　美：建老师，这两天我们已经在校园里“游”过啦，什么教学楼、图书馆、体育馆、广播站等，特别是餐厅、小卖部，去了好多次喽。

但是，校园里有没有与普通中学校园不一样的地方呀？

任务2 校园“寻”专业与职业之“宝”

中等职业学校与普通高中都是培养高中阶段的学生，都需要学习文化知识。两者的区别在于：普高生高中3年以学习文化基础课为主，毕业后参加高考，在大学里完成专业与职业的学习；而中职生在高中3年里，除了继续学习必要的文化基础课外，大部分时间要学习专业课与专业技能，比普高生提前3年进入专业职业学习模式。可以说中职生的学习内容与方式更接近大学生。所以，在学校设备设施、师资等资源的配置上，中等职业学校有着深深的专业烙印。中等职业学校除了有政治、语文、数学、英语、音乐、体育等文化基础课老师外，还有很多建筑专业或与建筑专业有关的老师。中等职业学校的校园里还有专业体验馆、实训室、建筑工种培训与考核基地等。

任务主题：寻找与建筑专业相关的场地、设备设施，并标注在地图上。

任务实施方式：在老师的带领下，以小组为单位参观浏览校内专业体验馆、实验室、实训室以及建筑工种培训与考核基地。

任务实施路径：依照地图（图1-2-1），按自北向南、由西到东的路线行进。

浏览品种含建筑类所有专业方向的核心技能，测量、钢筋、材料、造价、资料、质量等主要工种，每个参观浏览“点”配若干在工作状态中的指导老师与高年级学生，新生能够“看一看”“问一问”“做一做（试一试）”。

图1-2-1　新生校园卡通地图示例

小　美：建老师，校园内寻“宝”之旅还真是应了一句话——远看没感觉，近看眼一亮，嘿嘿……

建老师：对，从外表看咱们学校与普通高中没啥两样，但走近一瞧，你们都看到或找到了不一样的“景”了吧？

小　美：嗯！我们大家再问一下建老师，校内配有与建筑专业学习有关的“宝”，这些与实际工作单位和环境一样吗？

任务 3　校外“看”建筑与建筑人“生”

为了更好地学习建筑专业知识与技能，在校园内参观体验仿真的专业学习氛围远远不够，还需要去校外欣赏身边的著名建筑，还要去建筑企业、工程项目部、智能家居生产企业参观、学习，体验真实环境中的建筑与建筑人的生活。

任务主题：走进建筑企业与工地，体验建筑与建筑人的生活。

任务实施方式：以小组为单位，在老师带领下参观校企合作企业与项目部。

任务实施路径：以某校“职业体验”安排为例（表 1-3-1）。

表 1-3-1　某建筑学校建筑专业新生校外体验安排

序号	体验类别	体验内容	体验时间
1	欣赏建筑美	长江三角洲著名典型建筑参观	1 天
2	家乡建筑美熏陶	本地著名建筑参观	0.5 天
3	建筑工程施工	建筑工程施工企业民用建筑、工业建筑两大类项目部参观	1 天
4	工程造价	工程造价企业招标代理与工程审价部参观	0.5 天
5	建筑装饰	建筑装饰企业综合楼、家装或商业用房项目部参观	0.5 天
6	智能家居	智能家居企业样板项目参观	0.5 天
7	高职院校	衔接的高等职业学校建筑工程施工、工程造价、建筑装饰、楼宇智能化设备安装与运行等专业参观	1 天

PROJECT TWO

项目 2
你我眼中的建筑

学习目标

1. 能说出身边的建筑，会简单介绍家乡的著名建筑。
2. 了解中外著名建筑的艺术特色及高超的设计建造水平。
3. 能表达对建筑美的理解与喜爱。
4. 掌握有关建筑的基本常识。

建老师： 同学们，第一节课填写的问卷中有这样一个问题，“你对建筑的喜爱程度如何？”大家是否还记得咱们班同学的选择情况呢？现在可是大数据时代，就让小美再播报一下数据吧。

小　美： 我们班共有 ×× 位同学，选择毫无兴趣的有 ×× 位，偶尔关注的有 ×× 位，经常关注的有 ×× 位，视为生命的有 ×× 位。

建老师： 老师想说的是，不管你毫无兴趣还是偶尔关注，咱们的生活、学习、工作，一刻也离不开建筑。不信？咱们一起来看。

任务1　身边的建筑

提起建筑，人们的脑海里浮现的非房子莫属，高的、矮的、大的、小的、漂亮的、朴素的房子，用于生活、学习、工作的房子，甚至幼儿园小朋友画得最多的也是各式的房子——奇妙城堡、美丽家园。

任 务 主 题：说一说看到的各式建筑（房子）。

任务实施方式：以小组为单位展开讨论，组长记录。

任务实施路径：各小组参考“小组讨论记录表”（表 2-1-1）中的“建筑（房子）类别”提示，描述自己看到的各式建筑（房子）。

表 2-1-1　小组讨论记录表

建筑（房子）类别	具体有哪些? （各小组同学讨论记录）	详情 （地点、建成时间等详细信息）
小时候画板上画的建筑		
用于人们生活的建筑		
用于人们学习的建筑		
用于人们工作的建筑		
家乡的著名建筑		
其他		

画一画：我“秀”我家与家乡

任务2 你我共同欣赏著名建筑

历史是过去的存在，建筑是为我们诉说遥远历史的现时存在。建筑常被誉为“石头写成的史书”“凝固的音乐”“立体的画”“无形的诗”。“世界那么大，我想去看看。”让咱们大家一起欣赏一下古今中外的建筑吧！

活动1 国外著名建筑欣赏

活 动 主 题：共同欣赏国外著名建筑。
活动实施方式：小组合作查找资料、进行展示。
活动实施路径：根据查找的资料，完成表2-2-1中建筑名称的填写。

扫描前言中的二维码，获得答案。

表2-2-1 国外著名建筑

建筑名称	建筑图片	简介
______		古埃及法老（国王）和王后的陵墓。始建于公元前2600年以前，共有70多座，是世界公认的“世界八大奇迹”之一。其中最高大的是胡夫金字塔，高146.5m，底长230m，共用230万块平均每块2.5t重的石块砌成，占地52 000m^2
______		1889年建成。位于法国巴黎战神广场上的镂空结构铁塔，高300m，天线高24m，总高324m。铁塔设计新颖独特，是世界建筑史上的技术杰作，是法国巴黎的重要景点和突出标志

续表

建筑名称	建筑图片	简介
______		位于意大利托斯卡纳省比萨城比萨市北面的奇迹广场建筑群，它和相邻的大教堂、洗礼堂、墓园对 11~14 世纪意大利建筑艺术有巨大影响，被联合国教育、科学与文化组织评选为世界文化遗产。在工程开始后不久便由于地基不均匀和土层松软而倾斜
______		位于法国巴黎市中心、西堤岛上的教堂建筑，也是天主教巴黎总教区的主教座堂。在法兰西岛地区的哥特式教堂群里面，具有关键的代表意义。始建于 1163 年，整座教堂于 1345 年全部建成，历时 180 多年
______		位于美国纽约市的著名摩天大楼，共有 102 层，1930 年动工，于 1931 年 5 月 1 日盛大开典，当时属世界最高建筑。1951 年增添了高 62m 的天线后，总高度约为 443m
______		世界上建筑面积最大的单体办公楼，总建筑面积达 604 000m^2，其中办公面积 344 000m^2。共有 5 个外立面，分为 5 层（包括地下 2 层），每层由内至外共有 5 条环状走廊，走廊总长度达到 28 200m。其中心建有一个总面积约 20 000m^2 的中央广场，中央广场也呈五边形

续表

建筑名称	建筑图片	简介
______		全部用白色大理石建成的宫殿式陵园，在一天里不同的时间和不同的自然光线中显现出不同的特色。被印度诗翁泰戈尔形容为“永恒面颊上的一滴眼泪”
______		欧洲天主教徒的朝圣地与梵蒂冈罗马教皇的教廷。是全世界第一大圆顶长方形的教堂，整栋建筑呈现希腊十字结构，造型传统而神圣
______		一座贝壳形屋顶下方结合剧院和厅室的综合建筑。内部建筑结构仿效玛雅文化和阿兹特克神庙，用玻璃镶嵌，配上澳大利亚独有的建材材料。外面的瓷砖素色及黄玉色，共有 700 种尺寸
______		又称迪拜大厦或比斯迪拜塔，是世界第一高楼与人工构造物。塔高 828m，楼层总数 162 层。建造该塔共使用 330 000m^3 混凝土、62 000t 强化钢筋、142 000m^2 玻璃

续表

建筑名称	建筑图片	简介
______		世界上建筑高度最高的七星级酒店，建立在离海岸线 278m 处的人工岛上。它融合了当时最新的建筑及工程科技，景致及造型迷人，看上去仿佛和天空融为一体
______		泰晤士河上的组合式吊桥，建造始于 1886 年，耗时 8 年。包括 2 个顶部连接的塔，有 2 个水平通道，用于支撑桥体悬浮的部分
______		此建筑位于美国匹兹堡市郊区的熊溪河畔。共 3 层，约 $380m^2$，外形强调块体组合，带有明显的雕塑感。两层巨大的平台高低错落，几片高耸的片石墙交错着插在平台之间，建筑与溪水、山石、树木自然地结合在一起

活动 2　我国著名建筑欣赏

活 动 主 题：共同欣赏我国著名建筑。
活动实施方式：小组合作查找资料、进行展示。
活动实施路径：根据查找的资料，完成表 2-2-2 中建筑名称的填写。

扫描前言中的二维码，
获得答案。

表 2-2-2　我国著名建筑

建筑名称	建筑图片	简介
______		中国古代在不同时期为抵御侵袭而修筑的规模浩大的军事工程。始建于春秋战国时期，始修于燕王。现今提到的多指明代修建的，东起鸭绿江，西至嘉峪关
______		世界上最大的木结构建筑群，又名紫禁城，位于老北京城的中轴线上，是明朝和清朝的皇宫。占地 720 000m^2，建筑面积约 150 000m^2，共有殿宇 9 999 间半，是中国现存最大、最完整的古建筑群
______		世界屋脊的明珠，海拔 3 700m，占地总面积 360 000m^2，建筑总面积 130 000m^2，主楼高 117m，共 13 层。自山脚向上，直至山顶。有宫殿、灵塔殿、佛殿、经堂、僧舍、庭院等
______		清代的皇家花园和行宫。主要由万寿山和昆明湖组成，水面占全园的 3/4。集中了全国园林艺术的精华，构思最巧妙、最有特色的是它长达 728m 的长廊，长廊和廊中的绘画本身就有很高的艺术价值，还起到了将园内各个景点有机地联系起来的作用，烘托出园林整体的美

续表

建筑名称	建筑图片	简介
______		道教宫殿式建筑，始建于元代。典型的元代建筑风格，粗大的斗拱层层叠叠交错，四周的雕饰不多。几个殿以南北为中轴线，依次排列
______		天下第一桥，原名安济桥，俗称大石桥，建于隋朝 595—605 年，是世界上现存年代最久、单孔跨度最大、保存最完整的一座敞肩型石拱桥
______		巍峨耸立于长江南岸的武昌蛇山之巅。楼高 5 层，总高度 51.4m，建筑面积 3 219m^2。自古与湖南岳阳楼、江西滕王阁并称为“江南三大名楼”
______		湖南岳阳著名古建筑，也是江南名楼，屹立于洞庭湖畔。是我国古建筑中的瑰宝，自古有“洞庭天下水，岳阳天下楼”之誉。主楼高 19.42m，进深 14.54m，宽 17.42m

续表

建筑名称	建筑图片	简介
______		有“中国第一塔”之称，在太室山南麓嵩岳寺内。青砖、黄泥砌筑的15层密檐式砖塔，平面呈十二边形。总高37.045m，底层直径10.6m，内径5m余，壁体厚2.5m
______		位于上海陆家嘴的一栋摩天大楼，2008年8月29日竣工。楼高492m，地上101层，是目前中国第4高楼、世界最高的平顶式大楼
______		塔高约468m，位于上海黄浦江畔、浦东陆家嘴，1991年7月30日动工，1994年10月1日建成。是上海国际新闻中心所在地，犹如一颗从天而降的明珠，落在上海浦东这片土地上

续表

建筑名称	建筑图片	简介
______		上海世博会主要建筑。设计理念可以概括为东方之冠、鼎盛中华、天下粮仓、富庶百姓
______		高度为46.285m，外部为钢结构壳体，呈半椭球形。椭球壳体外环绕人工湖，湖面面积达35 500m²，各种通道和入口都设在水面下。行人需从一条80m长的水下通道进入演出大厅。造型新颖、前卫，构思独特，是传统与现代、浪漫与现实的结合
______		主体建筑呈空间马鞍椭圆形，南北长333m，东西宽294m，高69m。钢结构总用钢量为42 000t，混凝土看台分为上、中、下3层，看台混凝土结构为地下1层、地上7层的钢筋混凝土框架-剪力墙结构体系
______		外膜远观起来就像一个个水分子按照不规则方式排列起来，3 000多个这样的“水泡泡”交融在一起，形成了这个建筑的美丽外表。是国内首个采用ETFE（乙烯-四氟乙烯共聚物）膜结构的建筑。环保自洁、节能，日间不需点灯，隔热保温，有助于节省30%的电力
______		位于浙江湖州，高101.2m，宽116m，地上23层，地下2层，总建筑面积65 000m²

续表

建筑名称	建筑图片	简介
______		现代化程度较高的美术馆。分为4层，采用全玻璃顶的优质采光，具有超过30 000m^2的宽敞空间
______		明嘉靖二十七年（1548年）嘉兴知府赵瀛疏浚市河，所挖河泥填入湖中，遂成湖心小岛。第二年仿“烟雨楼”旧貌，建楼于岛上，后经过扩建、重建，逐渐成为具有显著园林特色的江南名楼
______		江南水乡六大古镇之一，古风犹存的东、西、南、北4条老街呈“十”字交叉，构成双棋盘式河街平行、水陆相邻的古镇格局。民居宅屋傍河而筑，街道两旁保存有大量明清建筑，辅以河上石桥，体现了小桥、流水、古宅的江南古镇风韵
______		嘉兴最早的城垣。城内历为县、府、军、路、府的衙署。元代在子城正门上建一楼，名“丽谯”。谯楼，明代两次重建。现存谯楼及东、西两侧城墙为清光绪三十四年（1908年）重修

建老师： 通过以上中外著名建筑欣赏，同学们有何感想？你们印象最深的是哪类建筑呀？

小　美： 建老师，我认真地欣赏了这些古今中外的建筑，就像小时候外出旅游参观一样，折服于大师与工匠们的智慧与勤劳！我喜欢家门口江南水乡的小桥流水，也想了解咱们伟大祖国的各色建筑。

建老师： 对！作为中华儿女，特别是将要从事建筑行业的学生，应该了解博大精深的中国建筑。

活动 3　我爱祖国建筑美

活 动 主 题：欣赏中国建筑美的元素。
活动实施方式：以小组为单位研讨、记录，并发言。
活动实施路径：学校添置古建筑模型，营造建筑历史文化体验馆。学生根据模型，以小组为单位研讨、记录、学习并补充汇总中国古建筑以及中国传统民居象征元素特征（表 2-2-3、表 2-2-4）。

中国建筑与欧洲建筑、伊斯兰建筑被认为是世界三大建筑体系。中国古建筑对日本、朝鲜和越南的古代建筑有直接影响，17 世纪以后，也对欧洲产生过影响。

表 2-2-3　中国古建筑特征概要

名称	图示	概要
木结构建筑体系	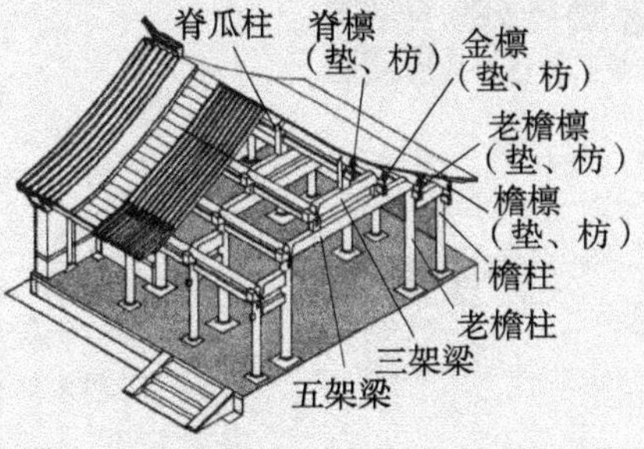	木结构建筑体系以木材为主要材料。受力木构件有柱、梁、枋。立柱 4 根，上施梁、枋，牵制成为一间。前后横木称为枋，左右纵木称为梁。墙是围护结构，“墙倒屋不塌”。屋架主要由梁、柱、檩、椽构成
抬梁式	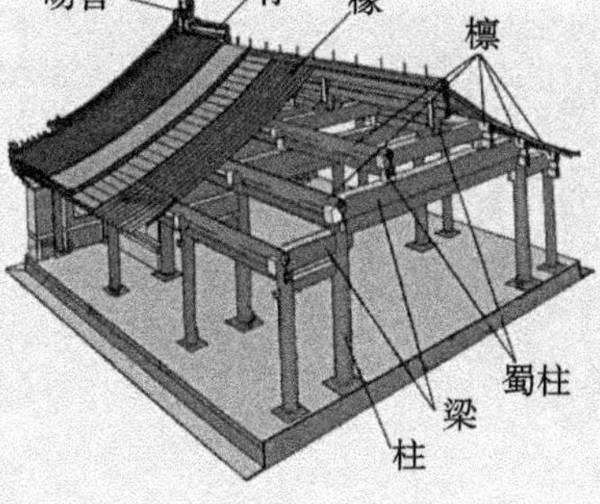	抬梁式又称叠梁式，是在立柱上架梁，梁上又抬梁。使用范围广，在汉族宫殿、庙宇、寺院等大型建筑中普遍采用，更为皇家建筑群所首选，是汉族木结构建筑的代表

续表

名称	图示	概要
穿斗式	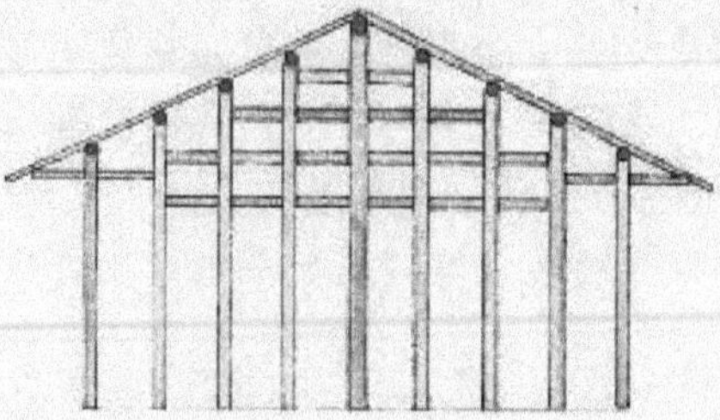 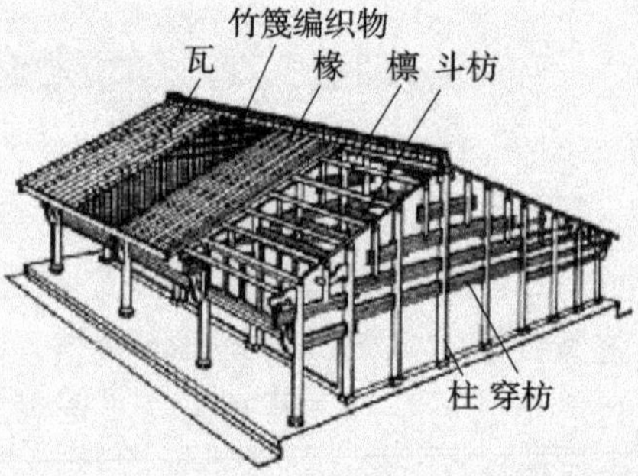	用穿枋把立柱串起来，形成一榀榀房架，檩直接搁置在柱头上，沿檩的方向，再用斗枋把立柱串联起来，由此而形成屋架
飞檐		飞檐是中国传统建筑的檐部形式之一，就是屋角的屋檐向上翘起，常被称为飞檐翘角。檐部这种特殊处理和创造，不但扩大了采光面，有利于排泄雨水，而且增添了建筑向上的动感
斗拱	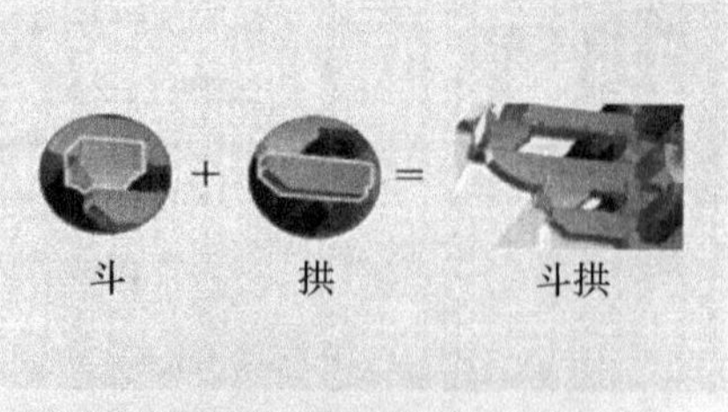 	斗拱是我国木结构建筑中的支承构件，在立柱和横梁交接处。从柱顶探出的弓形肘木叫拱，拱与拱之间的方形垫木叫斗。由屋面和上层构架传下来的荷载，要通过斗拱传给立柱，再由立柱传到基础，因此，它起着承上启下、传递荷载的作用。斗拱向外出挑，可使最外层的桁檩挑出一定距离，使建筑出檐更加深远，造型更加优美、壮观。由于节点不是刚接，而是榫卯结合的空间结构，斗拱还能消耗地震传来的能量，起抗震的作用

续表

名称	图示	概要
庑殿顶	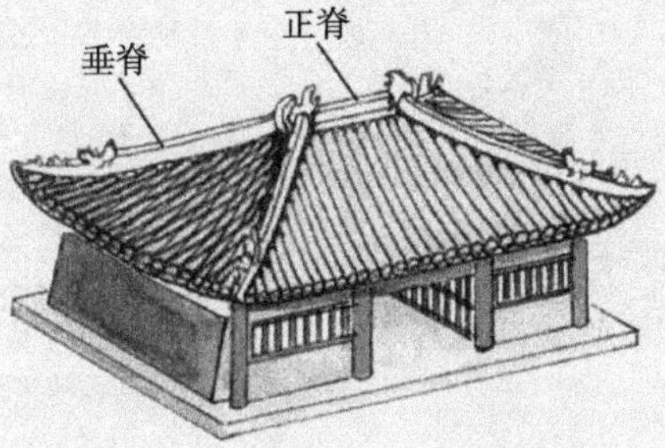	庑殿顶，即四面坡屋顶，在中国是各屋顶样式中等级最高的。明清时只有皇家和孔子殿堂才可以使用，唐朝时见于佛寺建筑。福建沿海地区的民居为了防风也采用庑殿顶
悬山顶		悬山顶有 1 条正脊、4 条垂脊。其特征是各条桁或檩不像硬山顶那样封在两端的山墙面内，而是直接伸到山墙以外，以支托悬挑于外的屋面部分。也就是说，悬山顶建筑不仅有前、后檐，而且两端还有与前、后檐尺寸相同的檐，其两山部分处于悬空状态
硬山顶		硬山顶，即硬山式屋顶，是汉族传统建筑双坡屋顶形式之一。房屋的两侧山墙同屋面齐平或略高出屋面。屋面以中间横向正脊为界分前后两面坡。左右两面山墙或与屋面平齐，或高出屋面。高出的山墙称封火山墙，其主要作用是防止火灾发生时，火势顺房蔓延。硬山顶常用于汉族民间居住建筑中
攒尖顶		屋面在顶部交汇为一点，形成尖顶，这种建筑叫攒尖顶建筑。攒尖式屋顶，宋朝时称“撮尖”“斗尖”，清朝时称“攒尖”，是古代汉族传统建筑的一种屋顶样式，常用于亭、榭、阁和塔等建筑

续表

名称	图示	概要
歇山顶	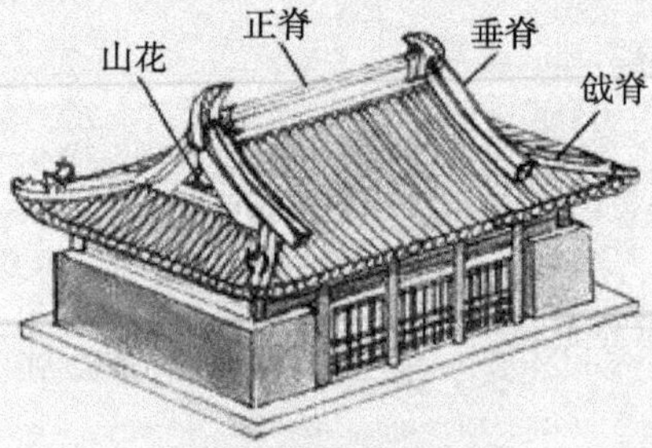	歇山顶共有9条屋脊，即1条正脊、4条垂脊和4条戗脊，因此又称九脊顶。由于其正脊两端到屋檐处中间折断了一次，分为垂脊和戗脊，好像“歇”了一歇，故名歇山顶。其上半部分为悬山顶或硬山顶的样式，下半部分为庑殿顶的样式。歇山顶结合了直线和斜线，在视觉效果上给人以棱角分明、结构清晰的感觉
阙		阙是宫殿、祠庙和陵墓前的一种高大建筑，通常左右各一，建成高台，台上起楼观，两阙中间不相连，之间空缺，故称“阙”。有的阙用石雕砌而成，用以装饰以及记录官爵、功绩
华表		华表是一种标志性建筑，是古代宫殿、陵墓等大型建筑前做装饰用的巨大石柱，是一种传统的建筑形式
牌坊		牌坊是为表彰功勋、科第、德政以及忠孝节义所立的建筑。也有一些宫观寺庙以牌坊作为山门，还有的是用来标明地名的。牌坊也是祠堂的附属建筑，用以昭示家族先人的高尚美德和丰功伟绩，兼有祭祖的功能
照壁		照壁亦称影壁，是中国建筑的一种独特样式，设在大门内（内照壁）或外（外照壁），形状有一字形、八字形等。照壁通常由砖砌成，由座、身、顶三部分组成，具有挡风、遮蔽视线的作用

表 2-2-4　中国传统民居象征元素

名称	图示	概要
马头墙		马头墙是徽派建筑的重要特色。在聚族而居的村落中，民居建筑密度较大，不利于防火，高高的马头墙能在相邻民居发生火灾的情况下，起隔断火情的作用，故马头墙又称为封火墙。马头墙的“马头”，通常是“金印式”或“朝笏式”，显示出主人对“读书做官”这一理想的追求。从高处往下看，聚族而居的村落中，高低起伏的马头墙，给人一种“万马奔腾”的动感，也隐喻着整个宗族生机勃勃、兴旺发达
围合式院落、庭院		围合式院落、庭院是千百年来中国建筑的主要表现形式，房屋围合的形制装载着中国人的思想观念和审美情趣，这种内向封闭而又温馨舒适的院落空间，曾经滋养培育了一代代中国人的性情和性格，以致成为最为普遍的传统生活方式。围合，不单指物理的保护，还包括人与人之间关系的建立，围合形成的独立完整的局部空间使人具有安全感与归属感
朱红色大门、镂空花窗		大门单纯的高会给人压抑的感受，故而在围墙上又常镂空雕刻花窗，图案往往是喜鹊登梅，喻寒尽春来的喜讯，既是在家妻儿的向往，又是对在外家人的祝福。窗雕图案多采用谐音与暗喻方式，这些图案不仅起着装饰美化的作用，还具有采光、通风、防尘、分割空间的功能，极力再创虚与实的对比
石雕、木雕、砖雕		石雕、木雕、砖雕是古徽州建筑的“三雕”。徽州石雕、木雕、砖雕艺术善于处理原材料本色，既能将其本色融于建筑整体之中，又能像水墨画一样，清新淡雅。特别是木雕艺术，更为古色古香的建筑锦上添花。三雕虽然是附属在建筑上的部件，如门罩中的砖雕，天井四周山水、花鸟题材的石雕，窗扇下的栏板，屋檐下的檐条、雀替，楼层栏板上主题性的木雕，但它们都是一幅幅独立的画、一件件完整独立的艺术品

续表

名称	图示	概要
四合院		四合院建筑的规划布局以南北纵轴对称布置和封闭独立的院落为基本特征，强调居住空间的私密性。中国的住宅建筑大部分都是内院式住宅，但南、北方有差异。南方许多地区的四合院，其四面的房屋多为楼房，而且在庭院的四个拐角处房屋相连，住宅庭院一般较小，被称为“天井”；而北方的四合院院落宽绰舒朗，四面房屋各自独立，彼此之间有走廊连接，方便起居
青砖、黛瓦或粉墙		“粉墙黛瓦”，即雪白的墙壁、青黑的瓦，通常用来描写江南民居。屋盖是黛瓦，外墙是砖砌白粉墙面，屋顶、屋檐、空斗墙、观音兜山脊或马头墙，形成高低错落的形体节奏和建筑群体风貌，在郁郁葱葱的江南绿色中更显质朴淡雅

超级链接

中国古建筑六大派

严格来说，中国古建筑并没有流派划分，人们常说的派系也是按照原住地居民长久以来根据当地风土人情形成的不同的风格。考虑较多的元素是降水、日照等气候条件。根据风格及用途来划分，中国古建筑可以大体分为以下六大派：皖派、闽派、京派、苏派、晋派、川派。

不同流派的建筑，或精致，或恬静，或威严，以其独有的历史与文化积淀，书写着各自的故事。

皖派建筑的关键词：黛瓦白墙、砖雕门楼。

闽派建筑的关键词：土楼防御功能。

京派建筑的关键词：对称分布、如意吉祥。

苏派建筑的关键词：山环水绕、曲径通幽。

晋派建筑的关键词：窑洞、晋商文化。

川派建筑的关键词：民族特色。

任务 3　建筑百科

小　美： 建老师，我们真的长了不少知识呐！原来天安门广场前一根根漂亮的柱子就是华表呀……有个真人秀节目去过的陕北窑洞、福建围屋等都是各地民居的代表呐！

建老师： 是呀！而且你们从小到大，听到或用到的词语很多也与建筑有关，如班门弄斧、钩心斗角、秦砖汉瓦、鬼斧神工……下面请同学们以小组为单位，讨论交流简单的建筑常识，然后填入表 2-3-1 中。

扫描前言中的二维码，获得答案。

任务主题：建筑常识知多少。
任务实施方式：常识问答。
任务实施路径：以小组为单位，讨论交流项目 1 任务 1 中出错率较高的建筑常识问题，填写表格。

表 2-3-1　建筑常识问答

序号	问题	试答区
1	建筑的定义是什么？	
2	建筑具备什么功能？	
3	世界建筑日是哪天？	
4	请列举一些世界著名的华人建筑大师及其代表作。	
5	建筑设计大奖有哪些？ 华人获得过建筑设计大奖吗？	
6	建筑工程质量奖有哪些？	
7	浙江省建筑工程质量奖有哪些？	
8	你家所在的地区建筑工程质量奖有哪些？	

超级链接

建筑界“女魔头”——扎哈·哈迪德

2016 年 3 月 31 日，在“愚人节”来临前的那一刻，一代建筑大师扎哈·哈迪德因心脏病在迈阿密医院结束了她荣耀的一生，享年 65 岁。

扎哈·哈迪德，伊拉克裔英国女建筑师，2004 年普利茨克奖获奖者，2015 年“皇家金奖”全球首位女性获奖者。每一位建筑师乃至每一位设计师，对她的作品都如数家珍，哪怕你是外行人，也一定听过她的作品，银河 SOHO、望京 SOHO、凌空 SOHO、广州歌剧院、梅溪湖国际文化艺术中心……她的作品极富未来感。

项目 3 建筑与我们

PROJECT THREE

学习目标

1. 会依据学习资料，动手搭建自己喜欢的学校模型。
2. 了解建筑工程的生产过程、参与建设的单位以及对应的工作内容。
3. 能清楚描述建筑专业三大分专业未来的工作岗位、工作状态与基本要求。

小　美：高的、矮的、美的、丑的、中式的、西式的、古色古香的、现代时尚的建筑不胜枚举。老师，难道我们全都要学吗？

建老师：漂亮的建筑从在图纸上诞生到在实际生活中使用，要有许许多多的设计师、工程师、普通操作工参与，大家按各自不同的分工做好许许多多的工作，才能完成建造。而你们毕业后将参与其中的一两个环节，所以就要在这 3 年学好知识与本领。

任务 1 建筑工程生产线

任 务 主 题：我的学校我做主。

假如你是校长，将如何建一座让同学们喜欢的学校（幼儿园、小学、中学、中等职业学校不限）？

任务实施方式：小组长先组织全组讨论定出方案（或用图文或用纸折模型展示），再按分工分配工作，将所有工作记录于表 3-1-1 中。

任务实施路径：小组讨论确定将要建怎样的学校（设想），如何建（需要哪些人、分别完成什么工作……），需要注意什么。

表 3-1-1　“我的学校我做主”任务分解

______组　　组长____________　　组员________________________

小组活动	具体内容	参与单位与工作环节名称
讨论并记录	1. 校园定位是什么？（幼儿园、小学、中学、中等职业学校。） 校园里有什么？（教学楼、行政楼、食堂、体育馆、田径场等。） 2. 估算投资。 3. 是否需要政府批准？（上报。）	
方案表达与计算	1. 动手画出校园建造方案。（校园里有的建筑都表达出来、布置好。） 2. 动手大概算一下每幢建筑需要多少钱及合计需要多少钱。（比上一步再准确点儿，数额虚拟。）	
讨论并记录	1. 工匠们要建造校园了，需要怎样的图纸？（详细、有尺寸的。） 2. 预计需要多少钱？（按详细图纸计算，比上一步更准确。数额虚拟。）	
讨论并记录	有钱，有图纸，有人，有材料了，接下来做什么呢？（建造的过程要记录下来。）	
讨论并记录	1. 房子建好了，接下来要做什么？ 2. 算出最终需要的准确的费用。（数额虚拟。）	
讨论并记录	1. 房子建好验收通过了，但是“素颜”，一般还要做什么才能搬进去使用呢？ 2. 装饰有要求吗？（档次、功能。）	
方案表达与计算	1. 动手画出本小组设计的校园内某幢楼的内部装饰。 2. 动手大概算一下这幢楼的装饰费用。（数额虚拟。）	
讨论并记录	有钱，有图纸，有人，有材料了，接下来做什么呢？（装饰的过程要记录下来。）	
讨论并记录	学校建好了，接下来要做什么？	

扫描前言中的二维码，
获得答案。

建老师： 从上一个任务表（表 3-1-1）中大家知道，建造一个学校、一个住宅小区，需要做的工作很多，需要掌握的知识也很多，而我们 3 年的时间只能学到其中的一部分。

小　美： 对呀，我入学报名时招生老师对我和爸妈讲过以后学什么与做什么，只不过当时听不懂。现在我可要好好学了。

任务2 与我们相关的生产环节

任 务 主 题：你会是其中的谁。

任务实施方式：各小组每位同学进行个性选择，填写表 3-2-1，小组长汇总大家意见展开讨论。

任务实施路径：对照经老师补充完善的“我的学校我做主”任务分解表（表 3-1-1），阅读下面的材料，了解参与任务建设的各单位工作职责与用人要求，小组讨论找出自己认为建筑专业中职生毕业后最可能去的单位与做的工作。

阅读材料 参与任务建设的各单位工作职责与用人要求

建设行政主管部门：监管参与项目建设的建设、设计、施工、监理等单位与个人执业行为的合法合规性，并对项目质量进行管理，是政府部门或事业单位。从业人员要求本科及以上学历，并经考试录用。

建设单位：通常指业主，进行项目全过程管理，上报项目建设报告，获批后委托设计，申领建筑红线图与规划许可证，招标确定施工与监理单位，进行施工建造管理。一般政府或事业单位从业人员要求本专业本科及以上学历，并经考试录用。企业单位从业人员要求本专业大中专毕业。

设计单位：按照建设单位项目任务书，做好本项目的规划方案设计、初步设计与施工图设计工作。从业人员要求本专业本科及以上学历，以硕士研究生居多。

施工单位：按施工图进行施工，由项目负责人（项目经理）、施工员、质量员、材料员、资料员、安全员、预算员、测量放线工等组成项目部，负责项目施工过程中的所有技术与组织管理工作。从业人员要求本专业中专及以上学历。

监理单位：受建设单位的委托，代表建设单位对项目进行管理。从业人员要求本专业中专及以上学历。

招投标与造价咨询单位：受建设单位的委托，招标确定项目设计、施工与监理单位，并对工程预算、结算等给予编制或审核。从业人员要求中专及以上学历。

建筑装饰单位：对项目室内、室外环境给予装饰装修设计、施工与报价。从业人员要求本专业中专及以上学历。

材料检测单位：对用于项目的所有原材料、半成品、成品与构配件以及重要的实物检查测试。从业人员要求本专业中专及以上学历。

表 3-2-1　你会是其中的谁

班级＿＿＿＿＿＿　学号＿＿＿＿＿＿　姓名＿＿＿＿＿＿　组别＿＿＿＿＿＿

序号	单位名称	工作内容	你的选择（在你认为可选择的岗位上打“√”）	备注
1	建设行政主管部门	监管参与单位与个人执业行为的合法合规性	□ 行政管理 □ 专业技术管理	专业技术管理一般指质监站
2	建设单位（业主）	项目全过程管理	□ 前期部 □ 基建部（工程部） □ 销售部	除房地产开发企业，一般企事业单位仅设基建部（工程部）
3	设计单位	规划方案与施工图设计	□ 建筑设计师 □ 结构设计师 □ 水电暖等设计师	有一、二级之分
4	施工单位	按施工图进行施工	□ 项目经理 □ 施工员 □ 质量员 □ 材料员 □ 资料员 □ 安全员 □ 预算员 □ 测量放线工 □ 其他	先由“员”起步再到项目经理（二级、一级建造师担任）
5	监理单位	代表业主按施工图进行施工质量监督	□ 监理工程师 □ 监理员	由监理员起步
6	招投标与造价咨询单位	代表业主招标确定项目设计、施工与监理单位，并对工程预算、结算等给予编制或审核	□ 招标代理 □ 造价编审	
7	建筑装饰单位	对项目室内、室外环境给予装饰装修设计、施工与报价	□ 装饰设计员、师 □ 装饰施工员 □ 装饰造价员	项目经理与施工类相同
8	材料检测单位	对用于项目的原材料、半成品、成品、构配件与重要实物进行检测	□ 质检员	
你认为还可以补充的单位与岗位：				

建老师：小美，请按各小组“你会是其中的谁”（表 3-2-1）的选择结果，统计一下同学们认为大家以后可以选择的工作岗位。

小　美：经统计，我们班有 ×× 组同学选择了施工员岗位；有 ×× 组同学选择了预算员岗位；有 ×× 组同学选择了装饰设计员岗位。老师，请给我们介绍一下这些岗位与要求吧。

建老师：好！那具体给你们介绍一下你们毕业后，可以选择的三大类工作岗位。

任务3 建筑“三剑客”登场

任 务 主 题：给“三剑客”“画素描”。
任务实施方式：小组讨论，形成记录。
任务实施路径：将全班分为“施工员”“造价员”“装饰设计员”3个小组，每个小组根据校外体验、学生讲座，讨论相应岗位的工作内容、特点与要求，老师讲解。

1. 建筑工程施工技术技能类工作（表3-3-1）

做好开工前的准备工作，包括施工组织设计，备好人工、材料、机械，按图纸与规范标准建造，边造边检查验收。

工作地点——工地。

工作标签——图纸、安全帽。

职业道德——吃苦耐劳、认真负责。

表3-3-1　建筑工程施工中的我们

我们是谁	监理员、施工员、质检员、材料员
我们的工作依据	图纸、技术规范、合同、施工组织设计（施工方案）
我们还可以是谁	 混凝土工  防水工  钢筋工  木工  架子工  抹灰工  砌筑工

2. 工程造价技术技能类工作（表3-3-2）

按图纸与技术规范（定额、清单规范）等，将图纸上的建筑价格计算出来。图纸越详细，价格越准确。

工作地点——办公室。

工作标签——办公桌、计算机、图纸。

职业道德——认真仔细、不厌其烦、吃苦耐劳。

表 3-3-2　工程造价中的我们

我们是谁	预算员（手算、电算）
我们的工作依据	图纸，技术规范（定额、清单规范），合同，施工组织设计（施工方案）
我们的成果	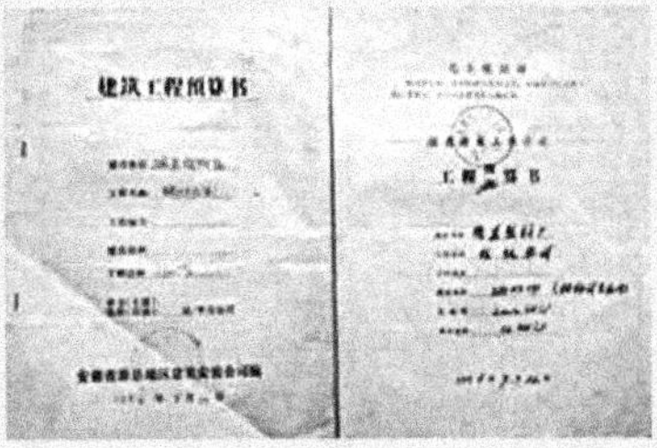 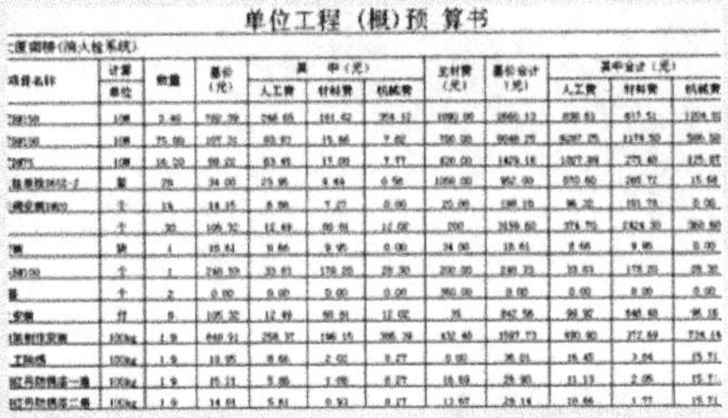 工程（概）预算书

3．建筑装饰技术技能类工作（表 3-3-3）

按客户的要求与自身的艺术感觉与技能，对建筑进行“装扮”，满足人们美化所处环境与提高生活、学习、工作质量的需求。

工作地点——办公室、工地。

工作标签——计算机、图纸、安全帽。

职业道德——认真仔细、不厌其烦、吃苦耐劳。

表 3-3-3　建筑装饰中的我们

我们是谁	设计员、设计师
我们面对的任务	需要装修设计的建筑图纸、需要装修设计的建筑实物
工作过程	手绘装饰图、软件绘制装饰图、报价、施工
我们的成果	 

PROJECT FOUR

项目 4 建筑工程施工

学习目标

1. 掌握建筑工程施工工作的基本流程。知道建筑工程施工岗位所需的知识与技能及对应的核心课程与核心技能。初步了解课程的学法。

2. 在校内、校外仿真与真实环境中参观浏览、记录，初步认识建筑工程施工的工作环境、工作任务和工作方法。

3. 提高对建筑工程施工专业方向的认知，增强投身建筑事业的热情。

小　美： 建老师，我喜欢建筑，选择了建筑专业。可是对于建筑工程施工、工程造价、建筑装饰我一点儿也不了解，您能给我介绍一下吗？

建老师： 可以呀！我们先从建筑工程施工讲起吧。在这个项目里，老师将带你们走进建筑工程施工。你们将学习建筑工程施工的基本工作流程、今后从事施工员工作所需具备的技能和为成为施工员现在要掌握的内容。

小　美： 太棒了！

任务 1　施工工作流程

建老师： 建筑工程施工企业派驻施工现场的项目部负责施工工作的全程管理。项目部施工的流程包括图纸会审（需要识图）、施工组织设计、开工建造、竣工验收。

活动 1　识图

活动主题：施工图的初步识读。

活动实施方式：在老师的指导下，分小组活动，制作模型，绘制建筑的三视图，学习施工图的简单图例符号。

活动实施路径：由模型制作引入，融入三视图的绘制，启发施工图的形成，继而认识施工图简单的图例图线代表的含义。

小　美：建老师，前几天我在参观建筑工地的时候，看到下面这张纸（图 4-1-1），上面有好多线条，我看着感觉好烦乱。这些线条代表什么，您能讲讲吗？

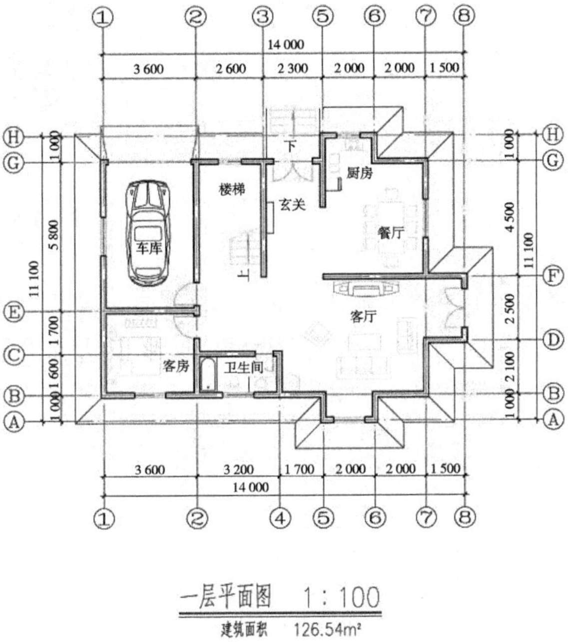

图 4-1-1　某别墅一层平面图

建老师：这是一张施工图。先别急，拿起剪刀、胶水，让我们制作一个房屋模型。

（模型制作中……）

建老师：做完模型我们再回顾一下空间形体的三视图的画法。

小　美：这个我会。比如下面形体（图 4-1-2）的三视图就是向 3 个投影面上投影，得到如图 4-1-3 所示的三视图。三视图包括主视图、左视图、俯视图。

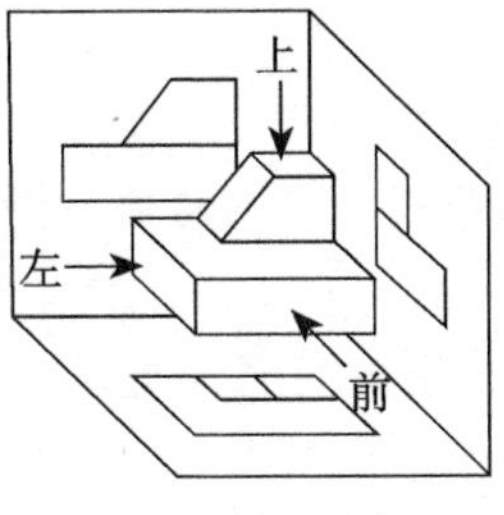

图 4-1-2　形体三视图的形成

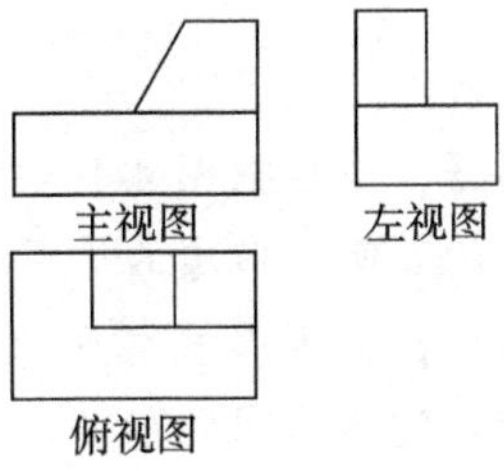

图 4-1-3　形体的三视图

建老师： 小美说得很对。其实施工图也是按照三视图的投影原理得来的（图 4-1-4）。接下来，大家根据做出来的模型，画出房屋的三视图，你们会吗？

图 4-1-4 施工图的形成

建老师： 直接俯视得到的平面图是屋顶平面图。在房屋屋顶下方平行于水平面剖开，房屋变成 2 个部分，留下下面的部分，从上往下俯视，得到建筑平面图。请大家想象着画出俯视图。

建老师： 想一下，在刚刚的剖切过程中，大家切到了什么？
小　美： 墙、柱、门、窗被切到，台阶、地面未被切到。
建老师： 同学们还能想出其他什么被切到了，什么未被切到？
建老师： 图 4-1-1 是一张建筑平面图，图中的图形、图线有着不同的含义。我们一般用图例符号来说明它们的意思（图 4-1-5）。

小　美： 我有点儿懂了。
建老师： 那好，请根据图 4-1-1 提供的信息，说明门、窗的总数，楼梯的个数，书房的开间，书房的进深。
其中，开间是指相邻 2 个横向定位墙体间的距离；进深是指相邻 2 个纵向定位墙体间的距离。

建老师： 其实一套完整的施工图包括建筑施工图、结构施工图、设备施工图 3 个部分（图 4-1-6）。

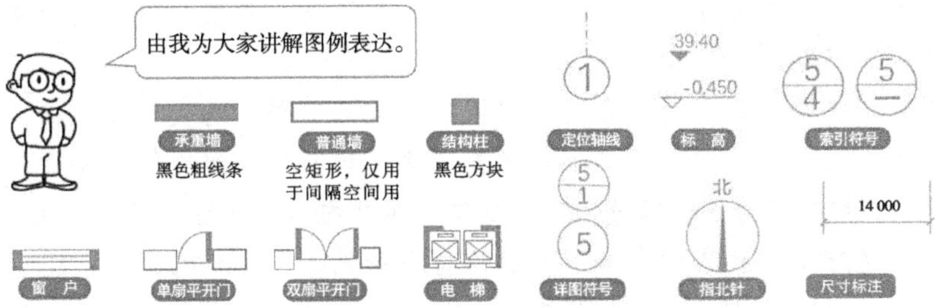

图 4-1-5　图例符号

图 4-1-6　施工图的分类

建老师： 不管是土建安装施工，还是算量计价、装饰施工，作业人员一定要遵从作业习惯，如遇到图纸错误，必须与设计单位取得联系更改。

活动 2　施工组织设计

活动主题：认识施工组织设计。

活动实施方式：在老师的指导下，分小组活动，查找资料、分组汇报，老师点评互动式学习。

活动实施路径：由最短工期数引入，自主学习施工组织设计包括的内容。用“找一找”“画一画”的方式识读施工总平面图。以寻找最短工期为线索，识读横道图和网络图。

建老师： 图纸会审完毕，就要合理安排劳动力、材料、设备、资金和施工方法这 5 个要素。设计寻找消耗最小、获利最大的方案的过程，称为施工组织设计。

建老师： 小美，我们现在要建造一幢房子，内、外墙的砌筑需要2天，屋顶施工需要4天，围墙砌筑需要5天，墙壁粉刷涂油漆需要3天，屋顶防水施工需要4天，围墙粉刷涂油漆需要3天。请问，建造好这幢房子最快要几天（最短工期数是多少）？

小　美： 2+4+5+3+4+3=21 天。

建老师： 这不是最快的方法哦！同学们，你们想到了吗？要想知道这个问题的答案，我们马上来学习。

建老师： 施工组织设计的主要内容有工程概况、施工部署、进度计划、施工平面布置、保证工程质量与安全的措施。请同学们分小组查阅相关资料，寻找施工组织设计这五部分内容分别包含哪些内容，然后汇报。

小　美： 我在建筑工地入口的围墙上看到这样一张图（图 4-1-7），这张图也是建筑平面图吗？

建老师： 这张图是施工总平面图。它是指导现场施工的总体布置图，包括永久性建筑和临时设施（工地临时用水、电、气、热以及施工材料、设备材料堆放的布置）。

建老师： 请同学们看图 4-1-7，找一找待新建建筑，画上阴影。找一找塔吊、休息办公用房、水泥搅拌库、临时供电线路等，思考这样布置的原因。

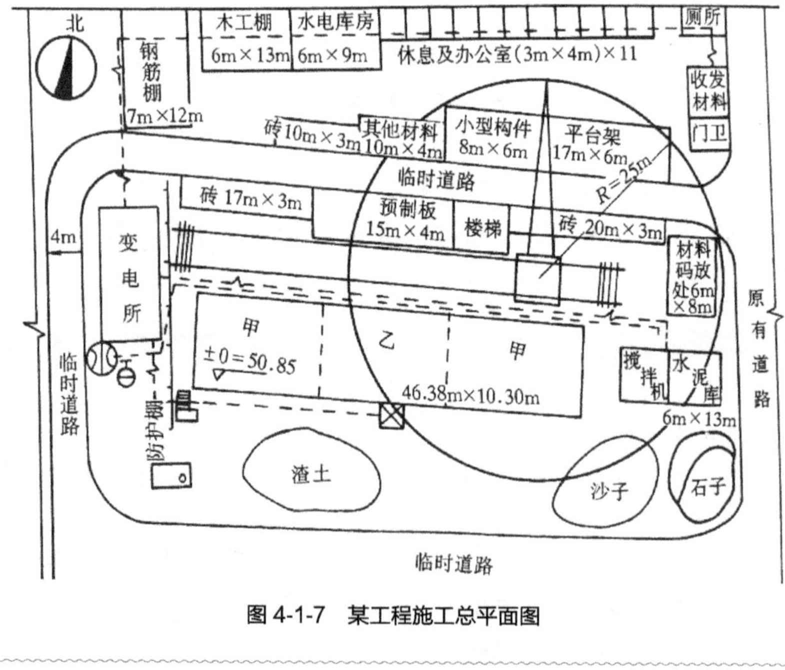

图 4-1-7　某工程施工总平面图

建老师： 在建筑工程施工中一般用横道图和网络图来表示施工进度的计划。横道图（图 4-1-8）制图容易，工期一目了然。

建老师： 同学们，图 4-1-8 所示的工程，主体工程持续了几个月？

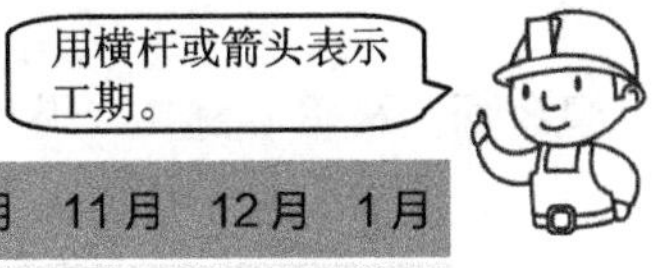

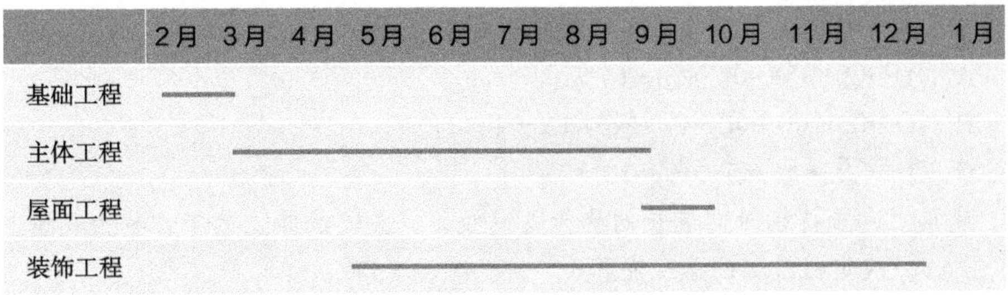

图 4-1-8　横道图

建老师： 网络图（图 4-1-9）表示的工程关系明确，容易调整工程。

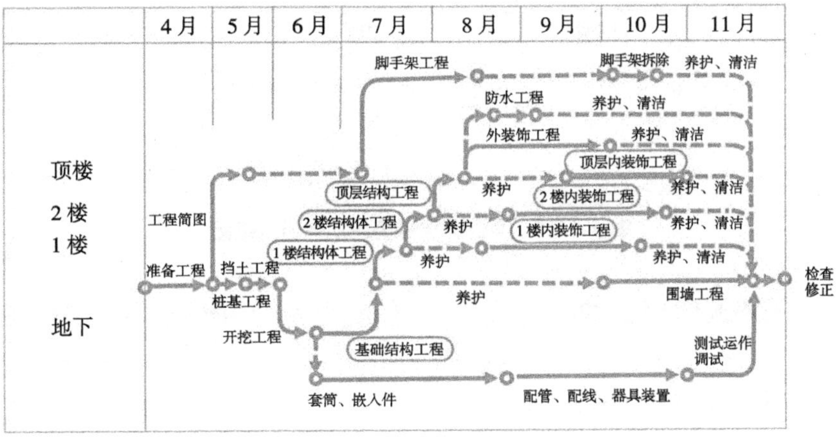

图 4-1-9　网络图

小　美： 我看懂啦！我来考大家。图 4-1-9 中，在做外装饰的过程中，同时开展的有哪些工程？

建老师： 我们还可以用双代号网络图（图 4-1-10）来设计施工进度。双代号网络图可以清楚地反映各个施工工序之间相互制约和依赖的关系。下面来对活动刚开始时的问题展开解答。

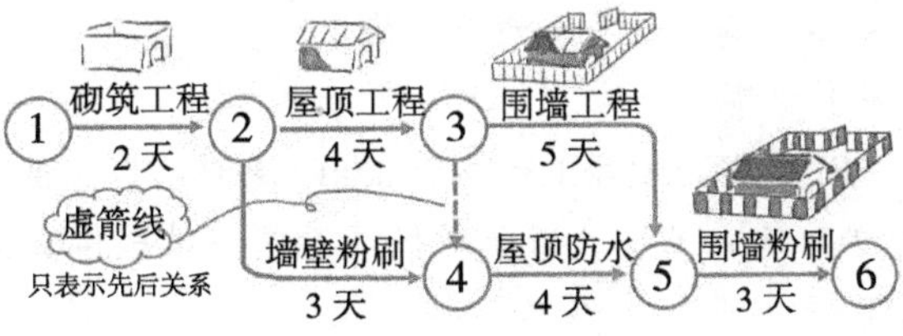

图 4-1-10　双代号网络图

建老师： 根据各施工工序之间相互制约和依赖的关系，可以画出图4-1-10。寻找双代号网络图的关键线路，可以看到有3条。

A. ①→②→③→⑤→⑥ =14 天；

B. ①→②→③→④→⑤→⑥ =13 天；

C. ①→②→④→⑤→⑥ =12 天。

线路上，总持续时间最长的称为关键线路，关键线路上的工作称为关键工作，决定着施工的总工期。

所以，本工程最多要14天就可以完成。比小美说的21天，可以提前7天。

小　美： 原来是这样的，我明白啦！

建老师： 那么，接下来小美和大家一起算算完成图4-1-11所示的工程最短需要几天。

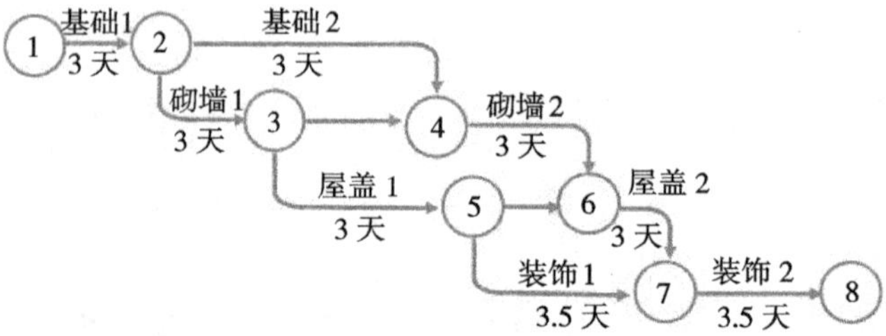

图4-1-11　某砌体结构房屋双代号网络图

活动3　开工建造

活 动 主 题：认识开工建造。

活动实施方式：在老师的指导下，分小组活动。

活动实施路径：观看虚拟仿真施工，学习施工的各个流程，分组简单复述。

建老师： 安排好了劳动力、材料、设备、资金和施工方法，编制好了方案，办好相关的手续许可，就可以开工建造房屋了。

建筑工程遵循“先地下、后地上，先主体、后围护，先结构、后装饰”的施工顺序原则。

一幢钢筋混凝土结构多层房屋的建造，一般可以划分为3个阶段，即基础工程、主体结构工程、屋面及装修工程。

小　美： 基础工程是什么呢？

建老师： 一般以房屋底层室内地坪（标高 ±0.00）为界，以上的建造为主体工程，以下的建造为基础工程。请同学们观看基础虚拟仿真施工，写出基础工程的施工顺序。

建老师： 不同基础的施工方式对应不同土质和上部结构的要求。请大家观看基础虚拟仿真施工，总结基础的类型、适用的范围及注意事项。

对于土质条件较好，层高较低，且没有地下室建造要求的房屋，可以直接做独立基础（图 4-1-12）。

对于土质条件较差（砂性土、含水率高），或者需要建造地下室的房屋，需要开挖基坑，做成箱形基础。在进行基坑开挖时，要边挖边做支护，大致过程如图 4-1-13 所示。

对于土质条件很差的房屋，或者是中高层建筑，就需要做桩基础（图 4-1-14）。按照桩体受力的不同，桩可以分为摩擦桩、端承桩、摩擦端承桩。一般会将端承桩的桩头打到持力层（砂砾土层）中。

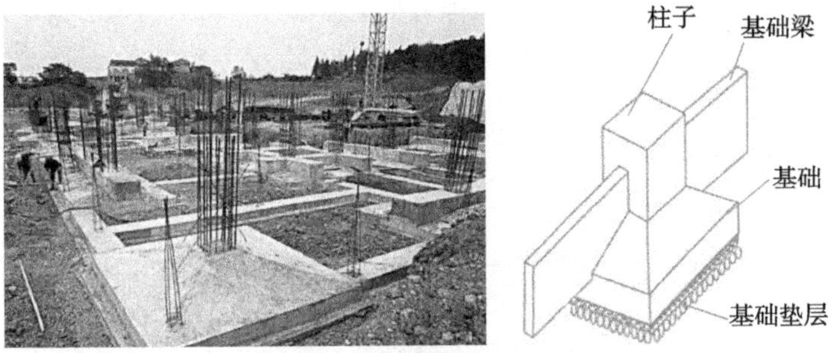

图 4-1-12　独立基础外观及示意图

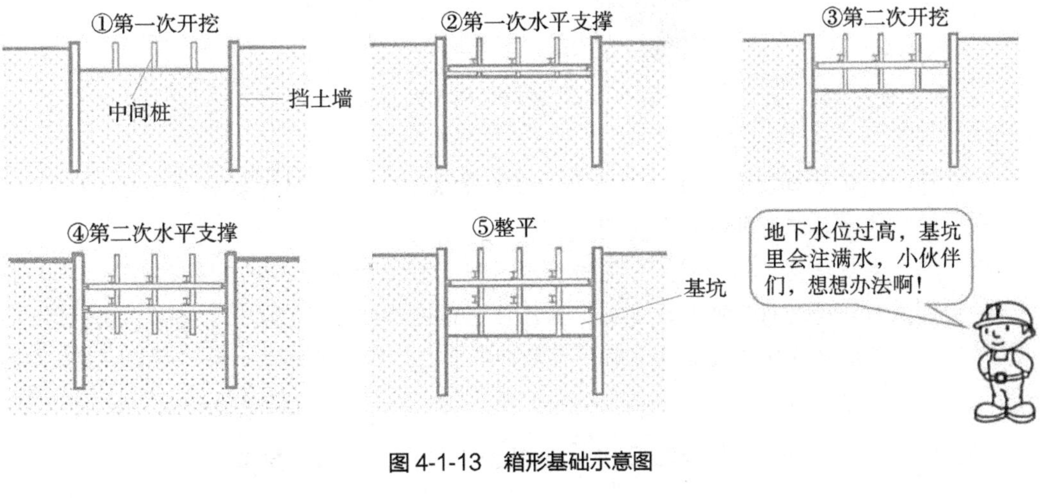

图 4-1-13　箱形基础示意图

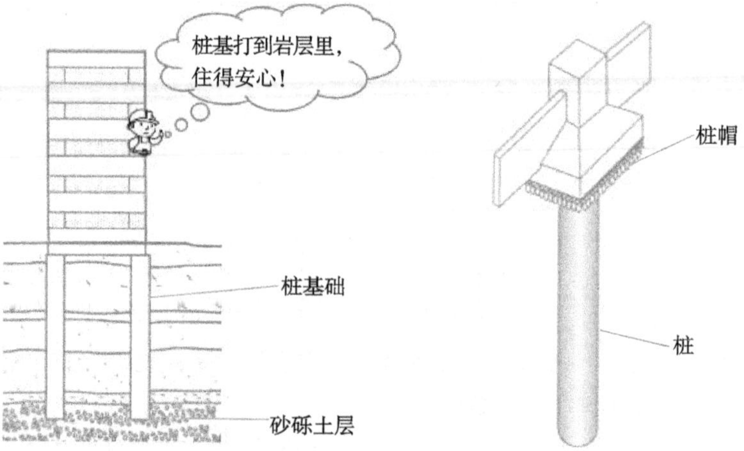

图 4-1-14　桩基础示意图

建老师： 请同学们在课后查找其他基础的形式和施工的方法。

建老师： 完成基础工程施工之后，就开始上部房屋主体的建设，我们把接下来的工序合称为主体结构工程。主体结构工程一般包括测量放线、钢筋工程、模板工程、混凝土工程和砌筑工程（图 4-1-15）。

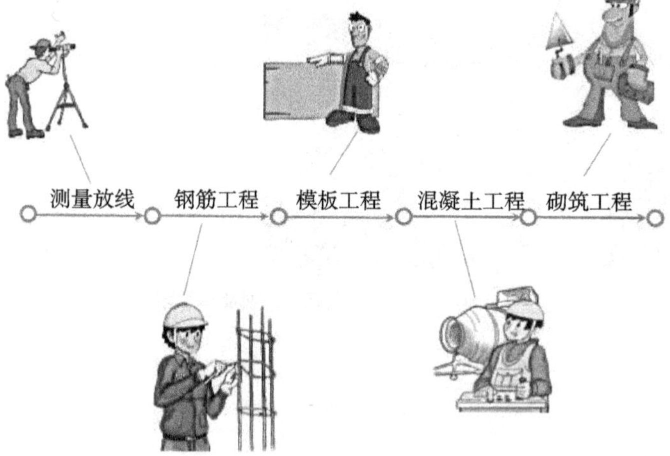

图 4-1-15　主体结构工程施工流程

建老师： 主体结构工程施工时，尽量组织流水施工，可以将房屋划分为两三段，使主导工程能够连续进行。

小　美： 主体结构工程完成后，要进行屋面防水施工和室内、室外装修施工。

建老师： 对，先进行屋面防水施工，以保证室内装修施工顺利进行。装修又分为室外装修和室内装修。一般先室外，再室内。室内装修完毕后，安装门窗。

同学们，我们初步学习了建筑开工建造的施工过程，你们能简单复述吗？

活动 4　竣工验收

活 动 主 题：认识竣工验收。
活动实施方式：老师指导，学长讲解，小组讨论，过程演绎。
活动实施路径：在老师的指导下，邀请已经工作的学长讲解竣工验收的要点，结合阅读材料，填写并明确各个单位或人员在竣工验收时的任务，然后分小组扮演，演绎竣工验收过程。

建老师：房屋造好了，在将房屋交给业主或者开发商前，要竣工验收。请同学们根据提供的阅读材料，分别归纳各个单位或人员在竣工验收时的任务，并分组演绎这个过程。

施工单位：

建设单位：

监理单位：

勘察、设计、施工、监理专家：

阅读材料　《房屋建筑和市政基础设施工程竣工验收规定》(摘)

第六条　工程竣工验收应当按以下程序进行：

(一)工程完工后，施工单位向建设单位提交工程竣工报告，申请工程竣工验收。实行监理的工程，工程竣工报告须经总监理工程师签署意见。

(二)建设单位收到工程竣工报告后，对符合竣工验收要求的工程，组织勘察、设计、施工、监理等单位组成验收组，制定验收方案。对于重大工程和技术复杂工程，根据需要可邀请有关专家参加验收组。

(三)建设单位应当在工程竣工验收7个工作日前将验收的时间、地点及验收组名单书面通知负责监督该工程的工程质量监督机构。

(四)建设单位组织工程竣工验收。

1. 建设、勘察、设计、施工、监理单位分别汇报工程合同履约情况和在工程建设各个环节执行法律、法规和工程建设强制性标准的情况；

2. 审阅建设、勘察、设计、施工、监理单位的工程档案资料；

3. 实地查验工程质量；

4. 对工程勘察、设计、施工、设备安装质量和各管理环节等方面作出全面评价，形成经验收组人员签署的工程竣工验收意见。

参与工程竣工验收的建设、勘察、设计、施工、监理等各方不能形成一致意见时，应当协商提出解决的方法，待意见一致后，重新组织工程竣工验收。

第七条　工程竣工验收合格后，建设单位应当及时提出工程竣工验收报告。工程竣工验收报告主要包括工程概况，建设单位执行基本建设程序情况，对工程勘察、设计、施工、监理等方面的评价，工程竣工验收时间、程序、内容和组织形式，工程竣工验收意见等内容。

工程竣工验收报告还应附有下列文件：

(一)施工许可证。

(二)施工图设计文件审查意见。

(三)本规定第五条(二)、(三)、(四)、(八)项规定的文件。

(四)验收组人员签署的工程竣工验收意见。

(五)法规、规章规定的其他有关文件。

第九条　建设单位应当自工程竣工验收合格之日起15日内，依照《房屋建筑和市政基础设施工程竣工验收备案管理办法》(住房和城乡建设部令第2号)的规定，向工程所在地的县级以上地方人民政府建设主管部门备案。

任务 2　明天的工程助理施工员

小　美： 建老师，通过任务 1 的学习，我已经大致明白建筑工程施工的流程了。如果我要去建筑公司项目工地，我会从事什么岗位？我需要哪些技能？我的工作环境是怎样的？您能描述一下吗？

建老师： 建筑工程施工专业直接对口的岗位是工程助理施工员，然后你们会成长为施工员或者技术骨干。要成为优秀的施工员，需要丰富的理论知识和实践经验。在任务 2 里，我们将“深入”项目工地，了解这些情况。

活动 1　施工员要掌握的知识与技能

活 动 主 题：了解施工员所需的知识与技能。

活动实施方式：虚拟现实模拟体验，分组讨论，自我评价。

活动实施路径：在老师的指导下，体验施工员的一天，讨论施工员所要掌握的知识，自己进行职场能力“体检”，发现自身的不足。

建老师： 施工员是基层岗位的执行官，项目经理等领导者下发的任务指令，都需要施工员具体分派实施。

施工员是施工现场最基层的集技术、组织任务于一身的管理者，所以必须具备各种职场能力，在专业、沟通交际、问题解决、协调管理等多方面做好职责工作。施工员应该掌握以下技能，包括配合领导、同事，协调下属做好施工现场日常工作，保证施工顺利进行，维护企业的信誉和经济利益。

建老师： 通过虚拟现实模拟体验施工员的一天，记录他一天做了哪些事情、需要哪些知识支撑。

小　美：我发现，施工员一天中看了图纸，使用了测量仪器，研究了施工进度计划，还翻阅了规范。我觉得，作为施工员，要会看图纸（建筑和结构施工图）；会使用仪器（水准仪、经纬仪、全站仪，如图 4-2-1 所示）；了解各种工序顺序并估计各个工序大概需要的时间及物资，会做施工计划；掌握成本控制、进度控制、质量控制、安全管理、合同管理、信息管理、与施工有关的组织与协调（三控三管一协调）；会查阅各种规范。

图 4-2-1　测量仪器（自左至右：水准仪、经纬仪、全站仪）

建老师：小美，你说得很好！

建老师：为了更好地了解自己，请同学们对自己进行职场能力“体检”（表 4-2-1）。如果觉得自己有这个能力，做得很好，请在第 1 个圈内打“√”；如果觉得自己这个能力一般，还需加强，请在第 2 个圈内打“√”；如果觉得自己这方面很欠缺，需要加油努力，请在第 3 个圈内打“√”。

表 4-2-1　职场能力“体检”表

自我体检	职场能力	详细描述
○ ○ ○	专业能力	熟悉施工图，了解设计意图，掌握各项施工规范，熟悉各类施工合同，参与编制各项施工组织设计方案和施工安全、质量、技术方案，参与编制各单项工程进度计划及人力、物力计划和机具、用具、设备计划工作
○ ○ ○	沟通交际能力	有良好的沟通交际能力，与领导、同事、同行交流多，人际关系良好。善于利用沟通交际更好地解决问题，提升自己的影响力
○ ○ ○	问题解决能力	空话大话少，多干实事，欣赏多、挑剔少。追求创新，追求卓越，能自行安排、解决遇到的问题

续表

自我体检	职场能力	详细描述
○ ○ ○	协调管理能力	具体解决施工组织设计和现场的关系，落实施工组织设计的具体内容及各项施工方案的实施，做好文明施工工作及每日的检查工作，发现隐患及时要求责任班组整改到位，并做好相应的文字记录，在整个施工过程中对所有施工工作严格做到事前有控制、事中有落实、事后有结果。随时掌握现场材料供应及用料状况，督促施工材料、设备按时进场并处于合格状态，确保工程顺利进行。及时组织竣工验收和工程量签证以及日常的测量工作，保证施工顺利进行
○ ○ ○	学习能力	不断结合施工现场实践经验，摄入新的知识和技能，让自己处在进步的阶梯上，获得更好的职场发展空间。在工作上不断给自己订立新的工作目标，不断优化工作流程，提高工作效率。时刻记得通过学习提升自己

建老师： 此外，施工员要有良好的职业道德。

一是遵纪守法，维护国家的荣誉和利益。

二是执行有关工程建设的法律、法规、标准、规程和制度。

三是热爱施工员本职工作，爱岗敬业，工作认真，一丝不苟，团结合作。

四是认真负责地履行自己的义务和职责，保证工程质量。

五是努力学习专业技术知识，不断提高业务能力和水平。

小　美： 建老师，我看好多学长考取了施工员的证书，我们也要考吗？

建老师： 根据国家相关文件要求，建筑工程施工企业关键岗位必须持证上岗，并且在竞标时必须验证齐全，组织“住房和城乡建设领域专业技术管理人员职业培训合格证书”培训，合格颁发证书（图 4-2-2）。该证书可作为持证上岗、企业晋级及工程招投标的依据。如果你要从事施工员工作，那就必须要考这个证。

图 4-2-2　住房和城乡建设领域专业技术管理人员职业培训合格证书

活动2 施工员的工作环境与工作内容

活 动 主 题：了解施工员的工作环境与工作内容。
活动实施方式：听已工作学长讲述。
活动实施路径：听学长讲述施工员的工作环境与工作内容，老师适时点评。

建老师：施工现场的项目部是施工员的常驻办公地点。项目部也称项目经理部，也有称项目指挥部的，是建筑工程施工企业派出的负责一个具体项目的实施的管理机构，全面负责项目的生产进度、协调、资源、成本、技术、质量、安全、环保等一切相关工作。

建老师：项目经理是该机构的负责人。一般来说，项目经理下设技术负责人、安全工程师、责任工长。一线的工人有“五大员”“八大工”。项目部的人员组织架构如图4-2-3所示。

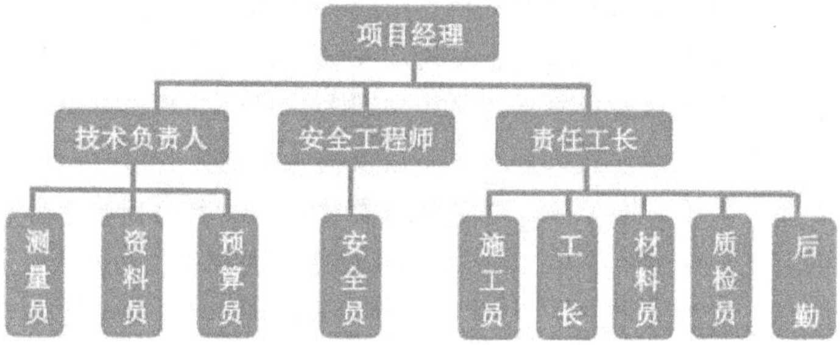

图4-2-3 项目部人员组织架构

建老师：施工员与安全员、质检员、材料员、预算员并称为“五大员”(图4-2-4)。

图4-2-4 施工现场“五大员”

建老师：施工员管理“八大工”开展工作（图4-2-5）。

图4-2-5　施工现场“八大工”

小　美：那么，施工员要做些什么事情呢？

建老师：从工程刚开始的投标，到现场施工、工程质量管理、现场安全、现场资料、每月报量、预算、结算及协调各方关系等都需要施工员积极参与。

小　美：您能具体说说吗？

建老师：施工员在工程的投标报价阶段就需要参加；在施工现场要负责图纸会审、施工组织设计、技术交底、施工质量控制、现场施工资料控制等；在施工过程中要协助项目经理做好组织协调、工程施工中的变更及签证工作；在竣工验收阶段要做好竣工验收准备，准备好竣工结算。来听听学长们是怎么说的吧。

施工员岗位贯穿工程建设管理的全过程，是集技术、理论、组织、沟通等多方面于一体的综合岗位。施工员应立足现场管理，强化过程控制，增强索赔意识，不断探索降低工程成本的途径，积累经验，提高工程管理的水平。这需要施工员在平时的工作过程中不断学习、累积。

任务3　今天的准工程助理施工员

小　美：建老师，通过任务2的学习，我了解了从事施工员所要具备的岗位知识与技能、施工员的工作环境与工作内容。我打算立足现在，从学校开始。您能告诉我在学校里要学习哪些重要的课程和技能，要怎么学吗？

建老师： 好的，小美，你真是个好学的学生！要想立足现在，成就明天的辉煌，就必须学好专业课程，包括建筑制图、建筑构造、建筑材料、工程测量、建筑力学与结构、施工技术、钢筋翻样加工、施工组织设计、建筑预算、工程资料、建筑法规等。

任务主题：了解建筑工程施工专业核心课程。
任务实施方式：在老师的指导下，分小组活动。
任务实施路径：小组自学，组内归纳，老师点评补充，优秀学长展示技能。

建老师： 三人组成一小组，每组发放一本教材，小组自学并完成表4-3-1中“内容概要”的填写。以小组为单位汇报介绍，不完整的由老师补充，其余各小组做笔记。最后请优秀学长做技能展示。

表4-3-1　核心课程内容概要

核心课程	内容概要	老师补充内容	老师介绍学法	相关技能
建筑制图				
建筑构造				
建筑材料				
工程测量				
建筑力学与结构				
施工技术				
钢筋翻样加工				
施工组织设计				
建筑预算				
工程资料				
建筑法规				

项目 5 工程造价

PROJECT FIVE

学习目标

1. 能完成身边楼盘相关造价的调查。
2. 感受造价精神，对刚接触的工程造价专业方向有简单体会。
3. 会描述工程造价大致的计价流程。
4. 初步了解计价原理，理解量、价、费三要素。
5. 体会造价行业严谨求实的职业态度和专业精神。

任务1 造价工作流程

小　美：在老师的带领下，我领略了很多建筑的美和建造者的智慧，有秀丽的江南民居和徽派建筑，有威严的布达拉宫和高耸云霄的上海环球金融中心，还有极具现代风格的欧美式建筑等，也对建筑工程施工技术有了初步的了解。

建老师：是啊，但是小美你知道吗，无论你看到的这些建筑的具体表现风格、形式如何，又或者它们高低、等级不一，它们都离不开人力资源与物质资源的支撑，而这两项资源又离不开经济条件的制约。可见建筑和经济有着千丝万缕的联系。

小　美：对哦，我常听大人们讨论哪个小区的房子价格高、哪个小区的房子又涨价了……

活动 1　房子的“脸面”和“身价”

建老师：房子算是当今中国人一生中所购买的最大件、最昂贵、使用年限最长的商品了。因此，大家在买房时都千挑万选、仔细斟酌，都希望能买到性价比高、环境宜人、交通便捷、配套设施齐全的楼盘。

活 动 主 题：寻找身边的好楼盘。
活动实施方式：针对学校周边或自己所在县、市的热销楼盘做相关调查记录。
活动实施路径：在老师的带领下，以小组为单位先上网查询，收集各类房产信息，再根据目标到售楼处仔细询问调查。

请你也来为咱们推荐下你身边的好楼盘。

________（县、市）好楼盘
名称：
户型：
单方价格：
配套设施：

绿化率：
楼盘地址：
推荐理由：

建老师： 咱们用了半天时间了解了周边的各大楼盘，包括它们的优点和缺点、配套设施等，更知晓了各类楼盘的售价。在最大限度满足适用、安全、美观的要求下，为我们提供生产、生活场所的建筑也应是经济合理的，那么，在你们眼中什么是房子的造价呢？

活动2 你我眼中的工程造价

建老师： 小美，谈谈你眼中的工程造价吧。
小　美： 我眼中啊，嗯……工程造价＝满汉全席。我觉得完成一项工程，就像做满汉全席，不仅需要很多的食材酒水，还要有各式功用的厨具，厨艺高超的厨师，五味俱全的调味品，各种洗菜、切菜、点菜、配菜、传菜的员工，大堂经理等，最后供顾客食用，而消费所买的单，就好比建造所需的建筑材料、施工机械、资料员、质检员、安全员、施工员、造价员等，最后进行工程竣工结算。
建老师： 很好，很形象！同学们，你们眼中的工程造价又是怎样的呢？

活 动 主 题：谈谈自己眼中的工程造价。
活动实施方式：用一两百字形容自己眼中的工程造价。
活动实施路径：个人先思考、记录，小组讨论后派代表说说自己眼中的工程造价。

答：我是______班________，我眼中的工程造价________________________________
____
____
____。

小　美： 老师，我觉得建筑工程施工是创造财富，工程造价是计算价值，相当于左手拿进钞票，右手点算钞票。

建老师： 有些道理。其实呀，工程造价是指完成一项工程预期开支或实际开支所花费的全部投资费用，简单的理解就是所造房子的建造价格。就建筑工程造价来说，可以分为土石方工程、桩基础与地基加固工程、砌筑工程、混凝土及钢筋混凝土工程、木结构工程、金属结构工程、屋面及防水工程、楼地面墙柱面工程、天棚工程、门窗工程、油漆涂料裱糊工程等分部工程。我们依据图纸内容将一个工程分解成若干分部工程，再把它们按照不同的施工方法、不同的构造及不同的规格，加以更为细致地分解，划分为更加简单细小的项目，然后用适当的计量单位，凭借其当时当地的相应单价，采取统一特定的方法计量计价，组合、汇总，最终算出造房子所需的总造价。

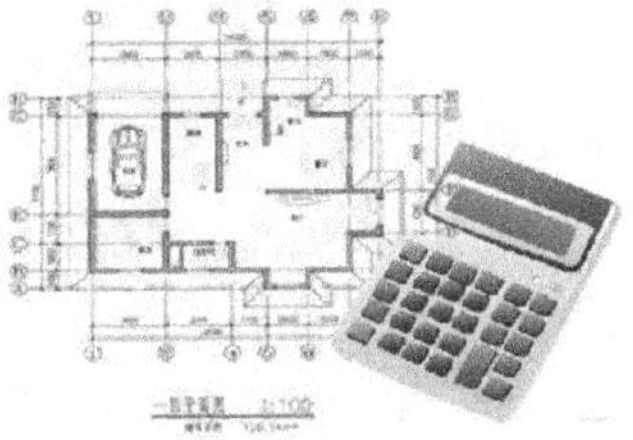

活动 3　工程造价大家族

对于建造一幢房子来说，它生产周期长、规模大、费用高，因此必须按基本建设规定程序，分阶段分别计算造价，以保证工程造价确定与控制的科学性。对不同阶段实行多次性计价，是一个从粗到细、从浅到深、从概略到精确、逐步接近实际造价的过程。

活 动 主 题：认识工程造价大家族各大“成员”。
活动实施方式：根据老师介绍，认识家族“成员”。
活动实施路径：听老师介绍家族“成员”，用自己的话总结各大“成员”的特点以及各大“成员”分别出现在工程建造的哪些阶段。

1. 估算

建设项目投资估算，是可行性研究报告的重要组成部分，也是对建设项目进行经济效益评价的重要基础，项目确定后，投资估算总额还将对初步设计和概算编制起控制作用。

2. 概算

概算发生在初步设计或扩大初步设计阶段。概算需要具备初步设计或扩大初步设计图纸，对项目费用计算确定建筑工程造价。

3. 预算

预算发生在施工图设计阶段。预算需要具备施工图，汇总项目的人工、材料、机械的预算，确定建筑工程造价。编制预算关键是计算工程量、准确套用预算定额和取费标准。

概算依据概算定额或概算指标进行编制，其内容项目经扩大而简化，概括性大；预算则依据预算定额和综合预算定额进行编制，其项目较详细，较重要。

4. 结算

结算发生在工程竣工验收阶段。结算一般由工程承包商（施工单位）提交，根据项目施工过程中的变更洽商情况，调整施工图预算，确定项目最终结算价格。

5. 决算

决算是建设单位完成全部建设设计方案之后，包括建筑安装投资、设备投资、待摊投资、转出投资，将上述投资结转为固定资产的全部过程。

这些“算”的依据和作用不同，一个比一个更真实地反映实际投资。其中，估算、概算、预算称为三算。

建老师： 结算与决算是不同的两个概念。结算是施工单位与建设单位之间的算账；而决算是建设单位自己算账，是完成一个建设项目实际花费的总费用。估算用于投资阶段，概算用于设计阶段，预算用于施工前。

小　美： 就像在饭店预订年夜饭一样吗？从大概几荤几素套餐的价格，到用餐后买单时具体一桌的费用。

建老师： 也可以这么说。计价过程中各环节相互衔接，前者制约后者，后者补充前者。看到这张图（图 5-1-1）中的几杯饮料了吗？估算、概算、预算、决算之间的区别可借助这张图来理解。根据杯中液面的高低，请同学们帮老师补充完整下面的句子吧。你们能用自己的话总结各大“成员”的特点以及它们出现的阶段吗？试试吧！

三　超

概算不得超（　　）算；
预算不得超（　　）算；
决算不得超（　　）算。

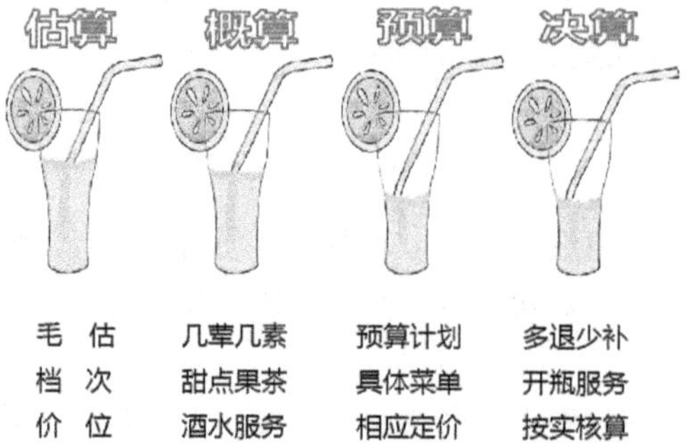

图 5-1-1　估算、概算、预算、决算关系示意图

任务 2　明天的造价员

随着我国基本建设市场的快速发展和造价咨询、项目管理等相关行业的不断壮大，具有实际操作能力的土建和安装造价人员在建筑行业中的分量已是举足轻重，特别是路桥等市政工程的建设发展，更积极推动了整个建筑行业对造价专业人才的强烈需求。

建老师： 小美你知道吗？一个工程项目，从开工到竣工都要求有工程造价人员的全程参与，从业主到工程监理、施工单位、造价咨询、工程审计，甚至材料供应商，都有自己的造价人员。

小　美： 老师，那我要学些什么，才能成为一名专业、称职的造价人员呢？

建老师： 别急，工程造价作为一个专业性、知识性、政策性很强的岗位，需要很多的专业知识与技能。要成为称职的造价人员，应该具备以下知识与技能。

一要具有建筑识图、建筑结构和房屋构造的基本知识；

二要了解施工工序、一般施工方法、工程质量标准和安全技术知识；

三要了解常用建筑材料、构配件、制品以及常用机械设备；

四要熟悉各项定额，了解人工费、材料预算价格和机械台班费的组成及取费标准的组成；

五要熟悉工程量计算规则，掌握计算技巧；

六要了解建筑经济法规，熟悉工程合同的各项条文，能参与招投标和合同谈判；

七要有一定的计算机应用基础知识，能用计算机软件来计量计价。

概括来说，就是熟识图、懂施工、擅计算、会分析、能管理。

小　美： 这么多呀！

建老师： 是啊，但急不得，磨刀不误砍柴工。小美，你看这书架上的书，就是接下来咱们要学的。

看到书架上的书（图 5-2-1）了吗？这就是工程造价专业方向的课程用书。请在老师的帮助下，列出所要学习的课程，或可自己补充。

课程如下：

____

____

____

____

____

其他相关的课程：

____

____

____

____

图 5-2-1　工程造价专业方向课程用书

活动 1　造价人应具备的技能——识图

活 动 主 题：图纸识读。
活动实施方式：画出自家的平面图。
活动实施路径：完成台阶的三视图绘制，再根据自家生活起居空间画出俯视图。

建老师： 同学们，图 5-2-2 画的是一个台阶，发挥大家识图能力的时候到了，请画出这个台阶的三视图。

主视图

左视图

俯视图

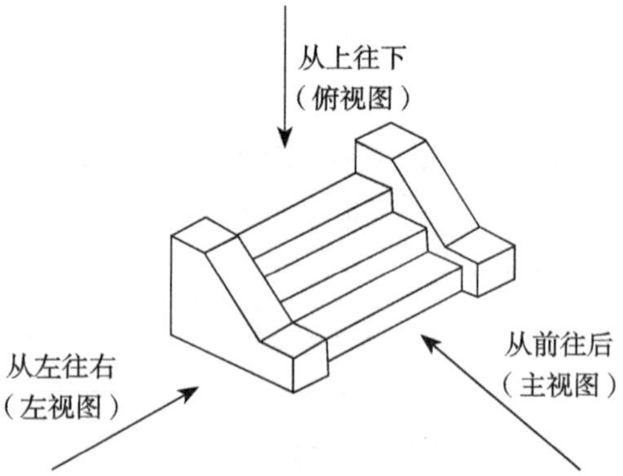

图 5-2-2　台阶立体图

建老师： 现在难度升级了，根据自家各房间的空间位置来画画自家的俯视图吧。

作者	
日期	

活动 2　造价人的“饭碗”——定额

活 动 主 题：了解工程预算定额。
活动实施方式：了解浙江省 2010 版定额的种类。
活动实施路径：练一练，在老师的帮助下，找到颜色对应的定额。

建老师： 小美，老师考考你，之前介绍的书架上最后一本是什么书呀？

小　美： 这难不倒我。老师您说过，这叫定额，对造价人员来说很重要，是造价人员的工具书，就像字典一样。

建老师： 没错，很重要，它是造价人员的“饭碗”，是编制施工图预算、确定工程造价的主要依据，定额应用正确与否直接影响工程造价。在应用定额时，要认真阅读、掌握定额的适用范围、计算规则及附注说明等。

小　美： 咦，为什么您给我们看的定额书脊上有不同的颜色条呢（图 5-2-3）？

建老师： 小美观察得很仔细呢！同学们看到书的全称了吗？图 5-2-3 所示为浙江省 2010 版的工程预算定额，不同的颜色代表着不同的种类。

连一连：请找到颜色对应的定额。

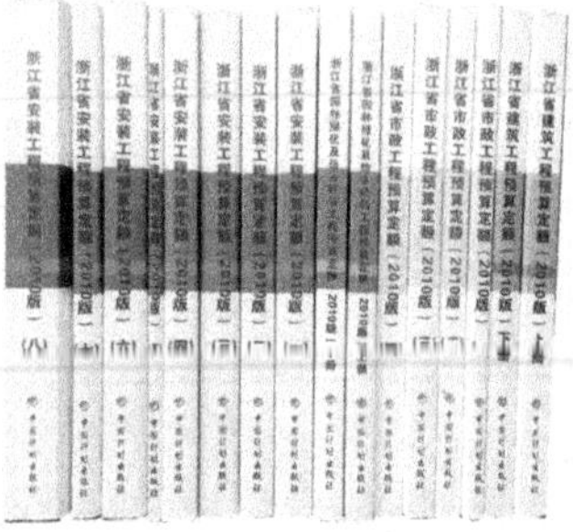

图 5-2-3　定额

（黄色）　（棕色）　（蓝色）　（绿色）

市政工程　建筑工程　安装工程　园林绿化及仿古建筑工程

建老师： 定额的种类繁多，根据使用对象和组织施工、具体目的、要求的不同，定额的形式内容和种类也不同。在日后的学习中咱们再一起探讨。

小　美： 那掌握了这些就可以了吗？

建老师： 不是的，这最多算一个高级计算器，你还需要一个“法宝”。

活动 3　造价人的“法宝”——造价软件

在“E”时代，工程造价同样离不开计算机的应用。目前应用于造价的计算机软件大概有两类：第一类软件是最基本的、技术上也是最成熟的应用，即预算软件，一般需要输入定额编号及工程量；第二类软件专门针对工程量的计算，如建筑工程量辅助计算软件、钢筋辅助计算软件，这类软件虽然也需要人工输入图纸中构配件的特征及尺寸，却可以大大节省传统手算的工作量，并且提高结果的准确性。

活 动 主 题：了解造价软件。

活动实施方式：查询、了解与工程造价相关的常用软件的应用。

活动实施路径：以小组为单位，查询表 5-2-1 中造价软件图标的名称及简介，并在老师指导下，接触相应软件。

表 5-2-1　造价软件图标及简介举例

名称	图标	简介

建老师： 大家在上网查询时会发现许多与工程造价相关的软件公司，如鲁班、品茗、广联达等，软件应用更是遍布建筑行业的各个环节。从建筑行业注重全过程管理开始，建筑经济投资环境下的成本管理成为各个环节的重中之重，正因为如此，作为全过程成本管理的执行者，造价人员便顺理成章地成了建筑行业抢手的“香饽饽”。

活动 4　造价人的“通行证”——造价工程师执业资格证书

活 动 主 题：工程造价本本族初接触。

活动实施方式：查询资料，说说造价工程师岗位（报考时间、科目、条件等）。

活动实施路径：以小组为单位，查询资料，结合自己的实际情况谈谈对造价工程师的理解，如果自己选择了工程造价专业方向，准备何时报考造价工程师。

任务3 今天的准造价员

建老师： 建筑行业流行一句话，“工程未动，造价先行；是赔是赚，全在预算”。可见工程预算在整个建筑工程中的重要性。

小　美： 原来如此，那究竟怎么算呢？

建老师： 这个问题我们可以交给定额，它可以帮助我们。定额，可以理解为规定的额度或标准。比如说定额可以告诉我们要砌筑 $1m^3$ 轻集料混凝土实心砖砖墙（墙厚 240mm）需要多少砖、砂浆和水（图 5-3-1）。

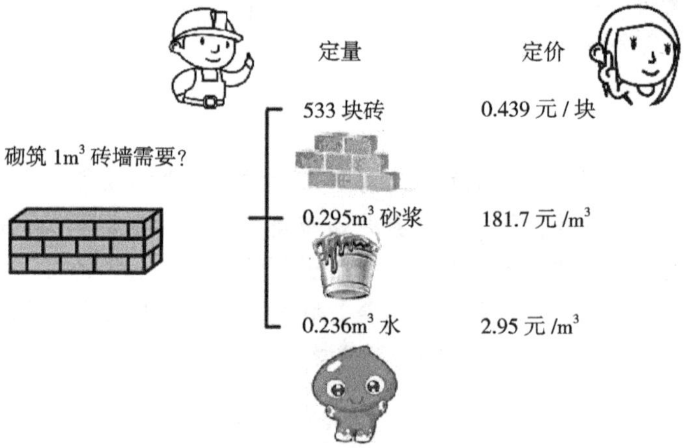

图 5-3-1　砌筑 $1m^3$ 轻集料混凝土实心砖砖墙所需砖、砂浆、水

建老师： 我们在预算过程中，需要把量预先算出来，有个大概的数。例如，需要多少砖、砂浆、混凝土、钢筋、木材等材料才能建造一幢如图纸设计的房屋？这就是量的问题。而每种材料在市场上的单位价值是多少，需要多少人力，用到哪些机械以及机械的租赁费、维修费等，这就是价格和费用的问题。这些就是工程计价的三要素——量、价、费。

活动 1　工程计价三要素——量

活 动 主 题：一砖一瓦走进工程计价——量。
活动实施方式：根据题目，计算柱子的工程量。
活动实施路径：根据所给图纸（教室的平面图），在老师引导下计算出柱子的工程量。

量指工程量，工程量计算是工程造价管理中极其重要的基础工程。

工程造价以工程量为基本依据，工程量计算是一项复杂而细致的工作，在整个预算编制过程中是用时最长、最繁重的一道工序，是编制施工图预算非常重要的一环。

工程量计算的准确与否直接影响各分项工程定额直接费计算结果的正确与否，从而影响预算造价的准确性，所以工程量计算在施工图预算以及施工过程中举足轻重。

建老师： 每个人有每个人不同的计量方法，每个行业也有每个行业的说法和规则。在建筑工程算量中对每一个分项规定了其统一的计量单位。在工程中其分部分项只有都在相同的口径下计算才使得工程量更加准确，也易于检校。

小　美： 我似乎明白了，通过定额我们可以知道砌筑 $1m^3$ 的砖墙需要多少砖、砂浆、水，而图纸上的砖墙究竟有多少个这样的 $1m^3$，就需要我们通过图纸算出量。

建老师： 很聪明！下面咱们就来体验下工程造价中这道基础而重要的工序——量的计算。图 5-3-2 是某个教室的平面图及三维立体图，现在要求图纸中 8 根粉红色柱子的工程量。不太理解平面图的同学可以多观察相对应的三维立体图。

该教室为框架结构，层高 3.8m，墙厚 240mm（混凝土实心标准砖砌筑），梁截面尺寸为 240mm × 500mm，柱截面尺寸为 500mm × 500mm，门窗尺寸详见图纸标注（图 5-3-2）。试计算此教室混凝土柱子的工程量。

柱子工程量计算：

$S_{柱截面}=$

$H_{柱高}=$

$N_{柱的根数}=$

$V_{柱}=$

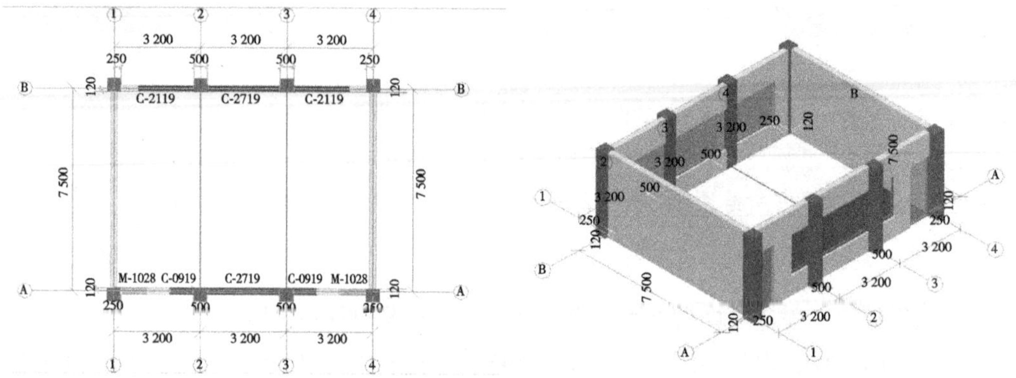

图 5-3-2　某教室平面图及三维立体图

建老师： 注意别漏了单位，工程造价是一项十分繁杂而细致的工作，它要求预算编制人员有严肃认真、一丝不苟的态度，要有耐心、恒心。正因为工程造价的精准性和重要性，所以要求工程造价人员应具备的职业素养包括诚信意识、专业技能和职业判断力、协调能力、敬业精神，还包括客观公正、严谨求实的工作作风。

活动 2　工程计价三要素——价

活 动 主 题：一砖一瓦走进工程计价——价。
活动实施方式：根据题目套定额。
活动实施路径：根据老师所设条件，在老师引导下，找到相应定额。

价指定额基价，简单来说，基价由人工费、材料费和机械费相加而成（图 5-3-3）。

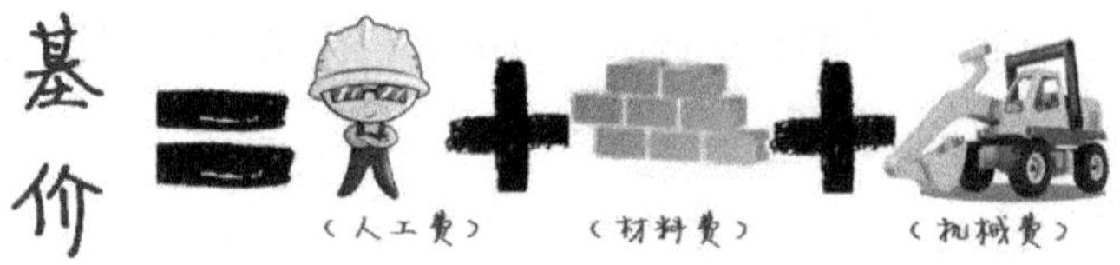

图 5-3-3　基价组成

建老师： 算量是预算最基础的工作，又快又准地把量算出来，需要在工作中大量实践，而算完量后，则需要组价，即套定额。
套定额时根据需要在定额子目中查询数据，要注意看清楚工作内容、计量单位、项目名称、定额编号、基价、消耗量、注等（图 5-3-4）。

人工装土、装载机装土、自卸汽车运土

工作内容：1. 装土、运土、卸土。
2. 清理机下余土。
3. 汽车行驶道路养护。

计量单位：1 000m²

定额编号				1-65	1-66	1-67	1-68
项目				人工装土	装载机装土	自卸汽车运土（m）	
						1 000 以内	每增加 1 000
基价（元）				4 512	1 363	5 195	1 260
其中	人工费（元）			4 512.00	102.00	192.00	—
	材料费（元）			[illegible]	[illegible]	—	—
	机械费（元）			—	1170.57	5033.49	1259.90
名称		单位	单价（元）	消耗量			
人工	一类人工	工日	40.00	112.800	4.800	4.800	—
机械	轮胎式装载机 2m³	台班	573.81	—	2.040	—	—
	自卸汽车 12t	台班	644.78	—	—	7.760	1.954

“××以内”或“××以下”，均包括××本身在内。

注：人工装土时，自卸汽车运土 1 000m 以内定额自卸汽车台班乘系数 1.1。

图 5-3-4　定额子目示例

建老师： 定额编号就像每个学生在某个学校的班里都有一个只属于自己的学号，又好似超市里每一种商品对应一个条形码，输入条形码就能知晓其相应的单价。在建筑工程中每一个分部分项定额子目都有一个定额编号，找到这个编号就能知道该分项子目的基价（定额单价），如图 5-3-4 中的 1-65、1-66、1-67、1-68。

小　美：哈，我懂啦，就好比我去超市买了多少数量的商品，每种商品对应有单价，总数就是各商品的数量与各商品单价乘积之和。

建老师：对！所以，光有工程量还不够，最终要把所有的量折算出价。

建老师：大家能来算算厚度为 240mm（一砖墙）的轻集料混凝土实心砖砖墙，用 M7.5 混合砂浆砌筑 $10m^3$ 需要多少钱吗？把计算结果填到表 5-3-1 中吧。

表 5-3-1　M7.5 混合砂浆砌筑 $10m^3$ 厚度为 240mm（一砖墙）的轻集料混凝土实心砖砖墙所需费用

定额编号	项目名称	计量单位	基价	其中		
				人工费	材料费	机械费
	厚度为 240mm（一砖墙）的轻集料混凝土实心砖砖墙	$10m^3$				

建老师：当工程项目的设计要求与定额项目的工作内容规定一致时，可以直接套用定额。根据项目名称可以找到相应的定额编号，从而知道其基价。

小　美：那定额材料里砌墙的砂浆和实际图纸设计说明不一样时，还能直接套用定额吗？

建老师：当设计要求与定额的工程内容、材料规格、施工条件等不完全相符时，就不可以直接套用定额了。这时需要根据编制总说明、分部工程说明等有关规定，在定额规定范围内加以调整换算，在定额编号后加“换”或“H”。说到这儿，咱们先来看看，遇到下面的情况，你们能算得出吗？

张总派小李去买 4 部手机作为公司新年晚会的一等奖奖品。手机单价为 4 950 元，张总共给了小李 19 800 元。在小李去买手机的路上，张总听说新款手机也上市了，就打电话给小李说旧款和新款手机各买 2 部，缺的钱先由小李垫付。小李问得新款手机单价为 6 088 元，请问小李自己还需垫付多少钱？总共花了多少钱？

答：小李还需要垫付（6 088-4 950）× 2=2 276（元），

总共花了 19 800 +（6 088-4 950）× 2=22 076（元）。

建老师：也就是说，现在买手机的总费用就等于张总原来给小李买 4 部旧款手机的费用加 2 部新款手机超出旧款手机那部分的费用。

小　美：哦，那超出部分的差价也就是小李垫付的钱啦。

建老师： 很对，其实在工程预算中也是同样的道理。例如，砂浆的强度等级越高，其基价也越高，所以定额中换算后的基价 = 原定额基价 +（现设计材料单价 - 原定额材料单价）× 定额材料用量。

举个例子

用 M10 混合砂浆砌筑 240mm（一砖墙）轻集料混凝土实心砖砖墙需要多少钱（表 5-3-2）?

已知：原定额编号，3-41；

计量单位，$10m^3$；

定额基价，3 338 元 /m^3。

表 5-3-2　M10 混合砂浆砌筑 $10m^3$ 厚度为 240mm（一砖墙）的轻集料混凝土实心砖砖墙所需费用

定额编号	项目名称	计量单位	基价	其中		
				人工费	材料费	机械费
	厚度为 240mm（一砖墙）的轻集料混凝土实心砖砖墙	$10m^3$				

建老师： 根据定额编号 3-41 可查得，每 $10m^3$ 轻集料混凝土实心砖中 M7.5 混合砂浆的定额用量为 $2.36m^3$，基价为 181.75 元 /m^3，又可查得 M10 混合砂浆的基价为 184.56 元 /m^3。换算后的定额编号为 3-41H，换算后的基价 = 原定额基价 +（现设计材料单价 − 原定额材料单价）× 定额材料用量 = $3\,338+(184.56-181.75)\times 2.36\approx 3\,344.63$(元 /$10m^3$)。

下附计算所需定额子目（表 5-3-3、表 5-3-4），摘自《浙江省建筑工程预算定额（2010 版）》。

表 5-3-3　所需定额子目——砂浆配合比 / 砌筑砂浆

计量单位：m^3

定额编号	1	2	3	4
项目	混合砂浆			
	强度等级			
	M2.5	M5.0	M7.5	M10.0
基价（元）	173.52	181.66	181.75	184.56

续表

名称		单位	单价（元）	消耗量			
材料	水泥 42.5	kg	0.33	141.000	164.000	187.000	209.000
	石灰膏	m^3	278.00	0.113	0.115	0.088	0.072
	黄砂（净砂）综合	t	62.50	1.515	1.515	1.515	1.515
	水	m^3	2.95	0.300	0.333	0.300	0.300

表 5-3-4　所需定额子目——轻集料混凝土类砖

工作内容：调制、运砂浆，运、砌砖，立门窗框，安放木砖、垫块。　　计量单位：$10m^3$

定额编号				3-41	3-42	3-43	3-44
项目				轻集料混凝土实心砖			
				墙厚		砖砌地沟	零星砌体
				1 砖墙	1/2 砖墙		
基价（元）				3 338	3 542	3 289	3 576
其中	人工费（元）			541.80	709.50	485.90	761.10
	材料费（元）			2 773.40	2 813.42	2 780.90	2 793.90
	机械费（元）			22.84	19.33	22.26	20.50
名称		单位	单价（元）	消耗量			
人工	二类人工	工日	43.00	12.600	16.500	11.300	17.700
材料	陶粒混凝土实心砖 240×115×53	千块	439.00	5.330	5.580	5.390	5.490
	混合砂浆 M7.5	m^3	181.75	2.360	2.000	2.280	2.110
	水	m^3	2.95	0.100	0.100	0.100	0.100
	其他材料费	元	1.00	4.300	—	—	—
机械	灰浆搅拌机 200L	台班	58.57	0.390	0.330	0.380	0.350

建老师： 工程预算定额是根据合理的施工组织设计和正常的施工条件编制的，是完成规定计量单位分项工程量所需的人工、材料、机械消耗量标准，它反映了社会平均水平。套定额是工程造价专业方向的基础，也是初学者的基本功，所以同学们要好好学哦。这就像我们造房子一样，基础做扎实了，上面的结构才会更牢固。

活动 3　工程计价三要素——费

活 动 主 题：一砖一瓦走进工程计价——费。
活动实施方式：求出柱子的混凝土浇捣直接工程费。
活动实施路径：根据任务 3 活动 1 所算出的量，利用任务 3 活动 2 的套定额方法，求得教室 8 根柱子的混凝土浇捣直接工程费。

建老师： 这里的费不单指数量乘单价得出的费用。这里的建筑工程费用包含了开展建筑工程所花费的全部费用，主要由直接费、间接费、利润、税金 4 个部分组成。

直接费由直接工程费和措施费组成。直接工程费是指施工过程中耗费的构成工程实体的各项费用，包括人工费、材料费、机械费。措施费是指为完成工程项目施工，产生于该工程施工准备和施工过程中，用于技术、生活、安全、环境保护等方面的非工程实体项目的费用。措施费分为技术措施费和组织措施费。

间接费由规费、企业管理费组成。

利润是指施工单位完成所承包工程获得的盈利。

税金是指国家税法规定的应计入工程造价内的营业税、城乡维护建设税、教育费附加等。

建老师： 已知任务 3 活动 1 的工程中，教室柱子为现浇现拌混凝土砌筑，设计使用的混凝土等级为 C30（40）。请同学们发挥自己的智慧，“造”起来（填写表 5-3-5）!

表 5-3-5　C30（40）现浇现拌混凝土矩形柱混凝土浇捣直接工程费

定额编号	项目名称	计量单位	定额工程量	单价	合价
	C30（40）现浇现拌混凝土矩形柱	$10m^3$			

建老师： 要注意定额中混凝土的强度等级是否和实际工程设计使用的相同。下面的填空可以帮助大家厘清思路。

填空：根据定额编号_______可知，每 $10m^3$ 矩形柱 C20（40）混凝土的定额用量为_____ m^3，单价为_____元 /m^3。实际设计使用的混凝土等级为____，根据定额（下附所需定额子目，摘自《浙江省建筑工程预算定额（2010 版）》，表 5-3-6 至表 5-3-8），查得该现浇现拌混凝土单价为____元/m^3。根据材料等级换算公式，每 $10m^3$ 的 C30（40）现浇现拌混凝土矩形柱的单价计算式为________________________________，算得其单价为____元/$10m^3$。现在本工程共有混凝土矩形柱___m^3（相当于___个 $10m^3$），所以该教室 C30（40）现浇现拌混凝土矩形柱的混凝土浇捣直接工程费为____元。

表 5-3-6　所需定额子目——现浇混凝土 / 现浇现拌混凝土 / 建筑物混凝土 / 柱、梁

工作内容：混凝土搅拌、水平运输、浇捣、养护等。　　　　计量单位：$10m^3$

定额编号				4-7	4-8	4-9
项目				矩形柱、异形柱、圆形柱	构造柱	框架柱接头
基价（元）				2 803	3 003	3 291
其中	人工费（元）			727.56	903.86	1 033.29
	材料费（元）			2 004.63	1 991.41	2 149.85
	机械费（元）			70.99	107.57	107.57
名称		单位	单价（元）	消耗量		
人工	二类人工	工日	43.00	16.920	21.020	24.030
材料	现浇现拌混凝土 C20（40）	m^3	192.94	10.150	10.150	—
	现浇现拌混凝土 C20（16）	m^3	208.32	—	—	10.150
	草袋	m^2	5.29	1.500	1.400	—
	水	m^3	2.95	13.000	8.700	12.000
机械	混凝土搅拌机 500L	台班	123.45	0.532	0.808	0.808
	混凝土振捣器　插入式	台班	4.83	1.100	1.620	1.620

注：现浇门框按构造柱定额执行。

表 5-3-7　所需定额子目——普通混凝土配合比 / 现浇现拌混凝土 1

计量单位：m^3

定额编号				108	109	110	111
项目				碎石（最大粒径：20mm）			
				混凝土强度等级			
				C40	C45		C50
基价（元）				256.09	269.10	268.80	281.25
名称		单位	单价（元）	消耗量			
材料	水泥 42.5	kg	0.33	—	538.000	—	—
	水泥 52.5	kg	0.39	401.000	—	439.000	478.000
	黄砂（净砂）综合	t	62.50	0.663	0.561	0.648	0.582
	碎石 综合	t	49.00	1.177	1.141	1.153	1.181
	水	m^3	2.95	0.200	0.200	0.200	0.200

表 5-3-8　所需定额子目——普通混凝土配合比 / 现浇现拌混凝土 2

计量单位：m^3

定额编号				112	113	114	115	116	117
项目				碎石（最大粒径：40mm）					
				混凝土强度等级					
				C10	C15	C20	C25	C30	C35
基价（元）				174.65	183.25	192.94	207.37	216.47	228.68
名称		单位	单价（元）	消耗量					
材料	水泥 42.5	kg	0.33	162.000	202.000	246.000	300.000	341.000	385.000
	黄砂（净砂）综合	t	62.50	0.989	0.913	0.820	0.747	0.691	0.676
	碎石 综合	t	49.00	1.201	1.204	1.224	1.248	1.229	1.201
	水	m^3	2.95	0.180	0.180	0.180	0.180	0.180	0.180

建老师： 工程造价工作需要专业工作者有过硬的基本功，良好的职业道德，实事求是的作风，勤勤恳恳、任劳任怨的精神。在充分熟悉掌握定额的内涵、工作程序、子目包括的内容、建筑工程量计算规则及尺度的同时，工程造价工作者要深入建筑工程第一线，因为只有了解施工现场，才能奠定工程造价的基础。

工程造价是一项综合性很强的工作，需要耐心仔细。初学者在计算建筑工程量之前，必须充分熟悉定额总说明、册说明、章说明及子目附注，学习定额问题解答，了解定额子目分项布局，熟练掌握运用工程量计算规则，在此基础上认真阅读图纸，尤其是施工总平面图，了解工程全貌，做到心中一盘棋。

学造价，需耐心，心浮气躁乃大忌；
勤动脑，擅提问，价考宝典来帮你。
纸上图，心中房，施工现场多去去；
懂定额，会列项，规则说明思量细。
精算量，通计价，外加法规与经济；
懂管控，严审核，一分一厘都不易。
E时代，多学习，信息软件助效率；
造价途，人生路，严谨求实创奇迹。

建老师： 要做好的造价人远远不止这些点滴，工程造价虽然有难度，但唯有挑战才能创造奇迹，你们愿意勇攀高峰吗？

PROJECT SIX

项目 6 建筑装饰

教学目标

1. 了解建筑装饰设计师的工作。
2. 对室内设计风格有所了解。
3. 认识常用的建筑装饰材料。
4. 体验建筑装饰流程以及施工工艺。
5. 学会简单的室内平面布置。

任务1 装饰工作流程

小　美： 建老师，我们家要装修了，请了一位建筑装饰设计师过来设计。他在我们家拿着尺子，拿着纸笔“唰唰唰”就把客厅、卧室的草图都画好了！真厉害！那么装修一套房子要做些什么呢？

建老师： 想要成为建筑装饰从业人员首先要了解建筑装饰设计师的工作以及各项工作的前后顺序。

活动 1　了解建筑装饰设计师的工作

活动主题：成为小顾客参观建筑装饰设计公司。

活动实施方式：学生以顾客的身份参观调查一家建筑装饰设计公司，通过参观工作区、材料展示区增加感性认识。

活动实施路径：参观建筑装饰设计公司—记录所见所得—与老师和同学分享、总结。

人们日常生活中的多数时间是在由建筑的结构和表皮围合起来的室内空间中度过的，这些室内空间为人们的大部分活动提供背景环境，并且赋予容纳它的建筑以灵魂和生命。

专业的建筑装饰设计师能够通过自己的设计改善室内空间的功能和品质，包括确保安全和健康、改善生活品质等。室内设计专业领域包含了视觉艺术和功能设计（图 6-1-1、图 6-1-2），另外，还涉及建筑材料、构造和技术等知识。室内设计要秉承安全、健康、改善生活品质这三大原则。

图 6-1-1　创意软装饰品

图 6-1-2　创意背景墙

建老师： 我们参观了建筑装饰设计公司，接下来我们用图解的方式来介绍建筑装饰设计的业务流程（图 6-1-3）。

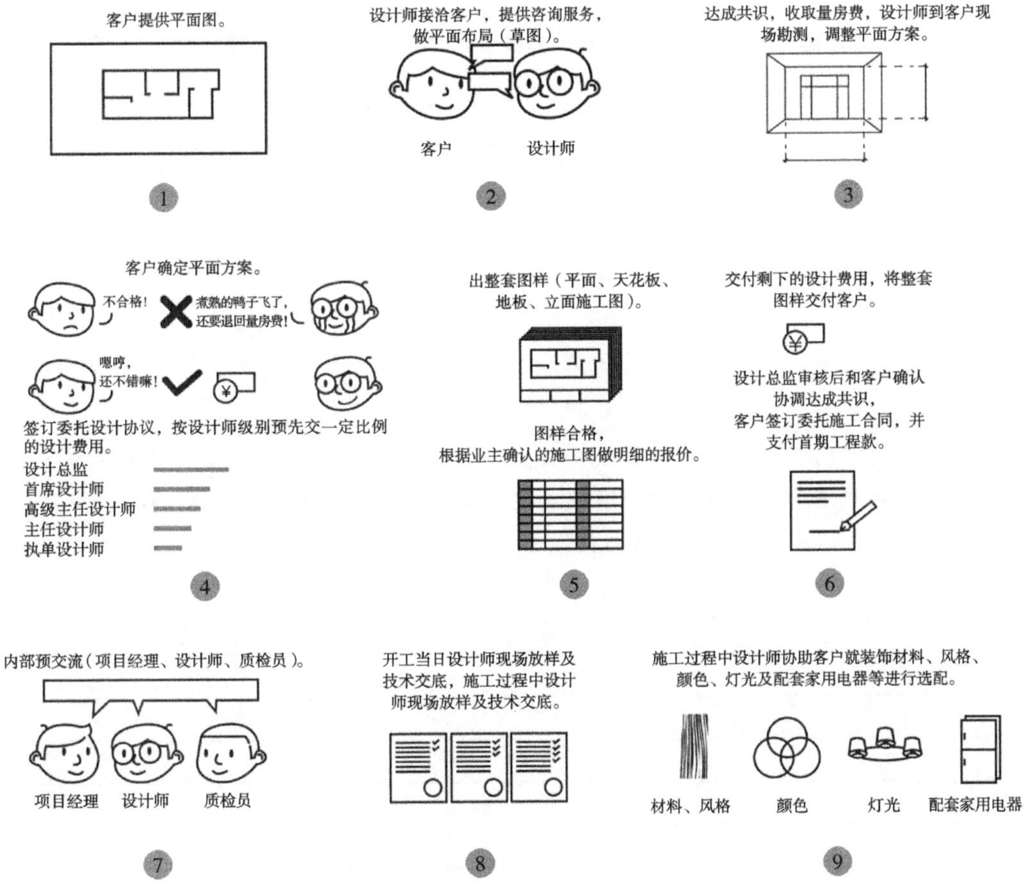

图 6-1-3　建筑装饰设计业务流程

一名优秀的建筑装饰设计师其工作流程是怎样的呢？

以室内设计为例，建筑装饰设计师第一次与客户正式见面时，需要观察客户的户型图，询问客户理想的居室风格、今后家庭有什么打算、家中成员有哪些喜好、平常做饭多不多、有什么特殊需求、以后有几个小孩、老人会不会偶尔来住一段时间等一些甚至听起来比较私密的问题（图6-1-4）。这是为了设计出更符合个性化需求的居室而进行的必要信息采集。建筑装饰设计师必须告知客户一些基础的设计方案以及不同水平的报价，看客户最终会选择哪个方案。

图6-1-4　设计师应该了解客户的家庭情况

建筑装饰设计师在设计期间需要修改设计方案，同时确定选材用料，在接下来的正式施工环节，优秀的建筑装饰设计师一定会亲力亲为，共同选材。在施工现场，建筑装饰设计师会充当监工的角色，时不时监督施工质量，以自己的经验在现场就纠正错误，尽可能减少隐患。现场经验也能使建筑装饰设计师在现场就对之前忽视的问题进行修改。

建老师： 请同学们思考，想要成为合格的建筑装饰设计师，需要学习哪些方面的知识。

建老师： 同学们参观了建筑装饰设计公司，是不是跟想象中一样呢？想要成为优秀的建筑装饰设计师还有很长的路要走，在成为设计师之前请写一写对今后职业的看法吧（可另附纸）。

活动 2　了解室内设计的基础知识

什么是室内设计？

室内设计，既是艺术，也是工程。

室内设计，简单在于，只需要贴合人们的要求；复杂在于，它要从家居功能、空间布局、绘画艺术、信仰文化到水管电工、消费预算、健康环保等各方面考虑（图 6-1-5）。

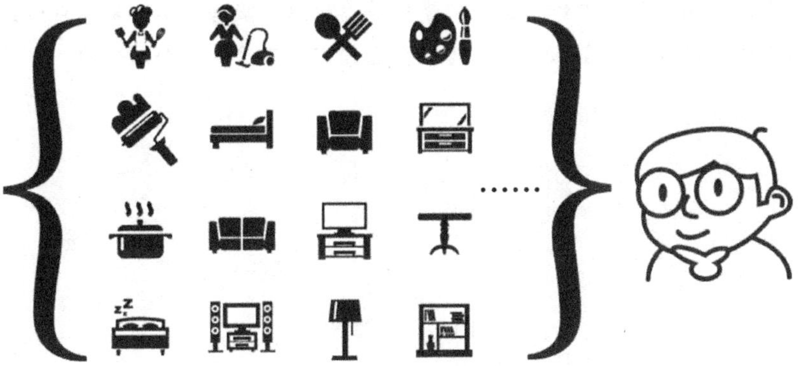

图 6-1-5　室内设计需要考虑方方面面

活 动 主 题：成为小设计师。
活动实施方式：同桌交替扮演建筑装饰设计师和客户，并确定一种居住空间类型，画出草图。
活动实施路径：对话交谈—设计草图—与客户洽谈—分享经验。

建老师：同学们，室内设计要注意哪些方面？大家试着相互设计一下符合对方要求的草图吧。

1. 功能设计

建筑装饰设计师根据房屋布局、采光、面积等情况合理安排卧室、客厅、厨房、卫生间等。现在提倡智能家居，建筑装饰设计师在设计方案时也会加入智能家电，将智能家电融入整个房屋的功能设计中。

2. 风格设计

风格就是房屋的整体色彩配置。不要小看风格设计，风格设计出色，小的可以看成大的，旧的可以看成新的。这也是建筑装饰设计师艺术能力的体现。

3. 工程预算

有人说，建筑装饰设计师做完设计就可以了，那工程预算究竟是什么？

可以这样理解，建筑装饰设计师在设计时已经在方案中描述了哪里贴瓷砖、哪里铺地板，将贴瓷砖的面积乘瓷砖的价格就得到了瓷砖的预算。依此类推，装修的预算就出来了。

超级链接 **微房**

刘卢宾工作室设计的位于北京的微型住宅“micro-house”——“微房”，以人们在室内空间最基本的活动所需的空间为依据，如坐、卧、立等行为。最终的房子更像是一个组合家具或是建筑的一个“分子”。当空间转换时单元的空间环境也发生变化，如休息、工作、盥洗、烹饪等。所以“微房”单元不仅可以成为单一功能的房间，更可以组合在一起成为一整套住宅，甚至是一个居住群（图 6-1-6）。

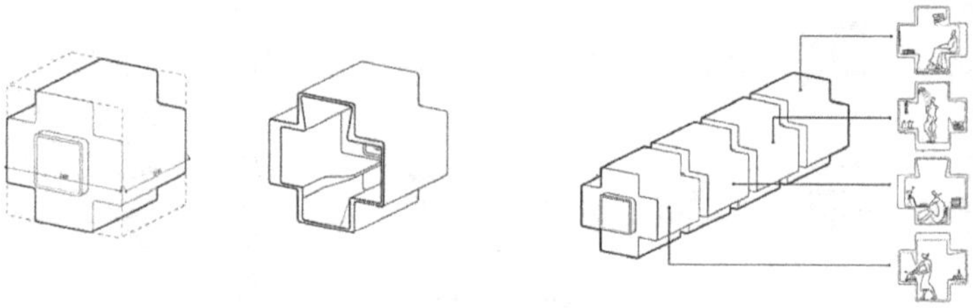

图 6-1-6 微房

“微房”的建造采用加强纤维材料，所以搭建起来很轻松。为了运输方便，房子的设计尺寸还参照了交通工具的容积。

活动 3 为咖啡店老板出谋划策

小 美：学了这么多，我好累啊！咱们去咖啡店（图 6-1-7）喝一杯吧。

图 6-1-7 LOFT① 风格咖啡店

① 现在所谓的 LOFT 指的是由旧工厂或旧仓库改造而成的，少有内墙隔断的高挑开敞空间。

建老师： 这家咖啡店在设计之初，设计师团队通过简单的木制房屋造型分割空间，营造私密空间。大的落地玻璃窗，将周边环境融入室内。设计在空间中没有做过多的装饰，保留了建筑最原始的混凝土结构状态。你们能帮咖啡店老板设计出这家咖啡店的室内动态流线吗？

活 动 主 题：设计咖啡店的室内动态流线。
活动实施方式：观察，分析思考，根据咖啡店设计背景，绘制室内动态流线。
活动实施路径：了解背景—参与设计—分享交流。

1. 室内动态流线

室内动态流线是联系室内各功能区域的网络，可以使室内形成完整合理的空间动静系统。例如，在较大面积的咖啡店设计中组织若干小型餐区，就必须要考虑室内动态流线的合理与畅达（图 6-1-8）。

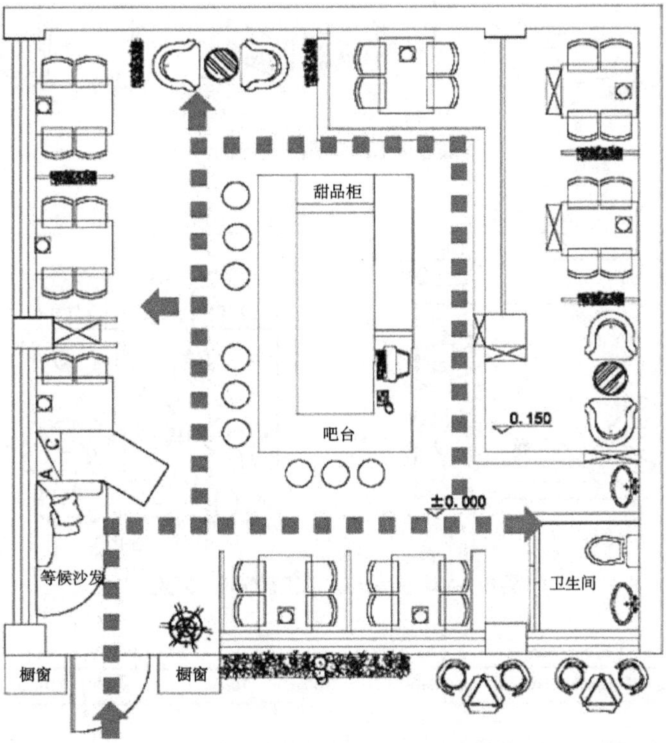

图 6-1-8　咖啡店室内动态流线示例

2. 室内空间利用

在室内空间中，有多种先决固定的建筑构成因素，如列柱、承重墙、空间的基本形态、门窗的开口方式等。室内空间组织要考虑建筑空间的特点，因势利导地利用空间。例如，利用列柱进一步组织空间；利用凹室进行空间划分；边角空间利用得当可以充分挖掘空间的使用潜力，并同建筑构件、空间基本形态形成有机的结合（图 6-1-9）。

图 6-1-9　空间巧用示例

3. 家具、设备与空间组织

家具、设备等均为室内实用物体，并在空间中占有相应的位置与体积，是空间实现其功能的主要体现。家具与设备的布局安排可以限定不同的功能区域。因此，在进行空间组织时，家具、设备的尺寸、体量、组合方式都应成为重要的考虑因素（图 6-1-10 ~ 图 6-1-12）。

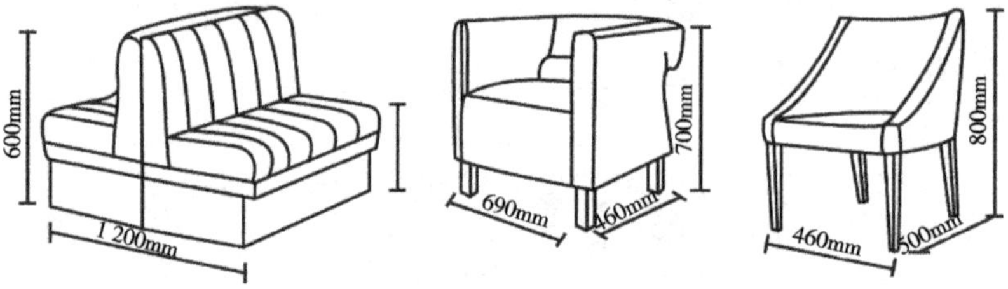

图 6-1-10　家具尺寸示例

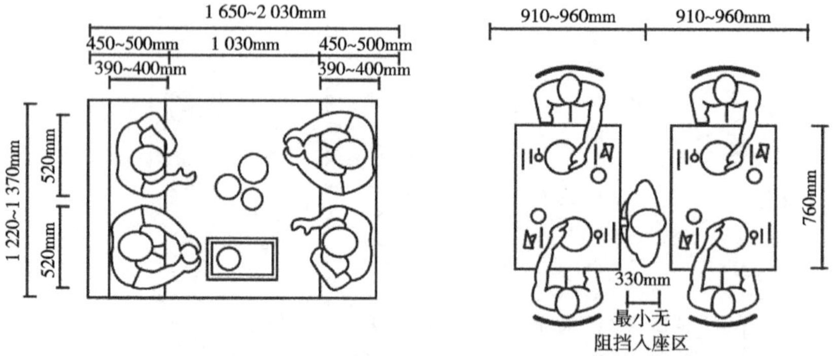

图 6-1-11　餐桌与人体工程学尺寸示例

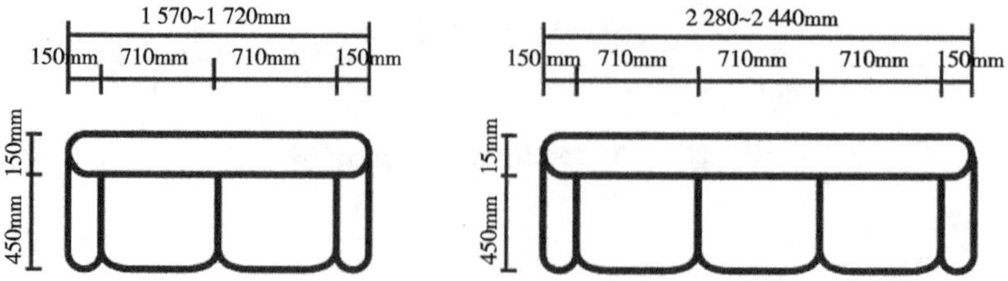

图 6-1-12　沙发尺寸示例

建老师： 咖啡喝完了，怎么样？现在我们来简单谈一谈什么是室内设计吧。

建老师： 假如你们为客户设计住宅，你们认为设计分为哪几个步骤？

建老师： 请通过实地考察或者网上资料查找，找到一家符合自己审美标准的咖啡店，并绘制出咖啡店室内动态流线与大家分享。

建老师： 请在A4绘图纸上临摹餐桌与人体工程学尺寸图、沙发尺寸图（请另附纸）。

任务 2　明天的助理设计师与装饰施工员

小　美： 了解了建筑装饰的工作流程，好想成为一名建筑装饰设计师啊！通过设计、施工可以让冷冰冰的混凝土大变样！

建老师： 是啊，可是小美啊，做好一套设计施工方案可不容易哦。要了解客户的需求，根据实际情况确定风格等，还有好多知识要学呢！

活动 1　建筑装饰设计风格

活 动 主 题：讲讲谈谈知风格。
活动实施方式：参考教材，利用课余时间查找建筑装饰设计风格资料，在课堂上汇报。
活动实施路径：课堂概念学习—课后资料查找、收集—课堂总结汇报。

真正的设计，主宰设计的应该是设计师。建筑装饰设计师在了解客户需要的基础上，通过自己对于设计的认识为客户提供最合理的方案，这才是真正意义上的建筑装饰设计。对于建筑装饰设计（以室内设计为例）的定义不能仅限于住宅，餐厅、酒店、办公室、会所、咖啡店等，室内的任何一个空间都需要建筑装饰设计的存在，在进行设计之前，建筑装饰设计师必须要对设计风格有所了解。

放眼国际，室内设计的风格非常多，每种风格都与当地的环境、历史、文化、生活方式等息息相关。各个国家及地区有着不同的特点，风格也大相径庭。就亚洲来说，中国、日本、韩国以及东南亚国家都有着较大的区别。单就日本来说，日式风格在大的方向上也分现代日式风格和传统日式风格。

1. 现代风格（现代北欧、现代日式、现代美式都在此列但又有区别）

各类现代风格的室内设计是现在最主流的风格，如宜家（北欧）、无印良品（日式），可以将它们归为一类，就是现代风格，特点是简洁、舒适、明亮、功能化、温暖（图 6-2-1）。各处细节均体现出现代特点，如沙发、大屏幕电视、各种电子灯具的使用。

其中的现代简约风格是将设计的元素、色彩、照明、材料简化到最少的程度，但对色彩、材料的质感却要求很高。

图 6-2-1　现代风格

2. 中式风格

中式风格其实有多种，包括传统的中式以及新中式，重要的就是中式元素在室内设计中的运用，如古典家具、中式字画等。建筑装饰设计师往往更偏爱满足现代、舒适前提下的中式风格，而用一些经典的中式元素来点缀（图 6-2-2）。

图 6-2-2　现代中式风格

现在市场上最流行的是新中式风格，此风格在设计上继承了唐代、明清时期家居理念的精华，对其中的经典元素提炼并加以丰富，同时改变原有空间布局中等级、尊卑等封建思想，给传统家居文化注入了新的气息。

没有刻板又不失庄重，注重品质又免去了不必要的苛刻，这些构成了新中式风格的独特魅力。特别是新中式风格改变了传统家具“好看不好用，舒心不舒身”的弊端，加之在不同户型的居室中布置更加灵活等特点，被越来越多的人所接受（图 6-2-3）。

3. 工业风格

工业风格并不是家居装饰风格的主流，多是工作室、咖啡店等商业机构的设计，但随着像漫咖啡以及其他类似工业风格设计的商业机构的流行，国内也有很多年轻人喜欢这种粗犷却不失细节，具有独特辨识度的非常个性的风格（图 6-2-4）。

4. 混搭 · 折中风格

混搭 · 折中风格是在满足现代室内功能的前提下，搭配一些个人爱好或者收藏的各种风格的家具、灯饰及装饰，属于进阶阶段的风格（图 6-2-5）。

图 6-2-3　新中式风格

图 6-2-4　工业风格

图 6-2-5　混搭 · 折中风格

5. 乡村 · 古朴风格

乡村 · 古朴风格的设计可以是美式的也可以是欧式的，但要体现出乡村的特点，如老旧梁柱的搭配、破旧的地板、裸露的石墙、一些古朴老旧的乡村风格的家具（图 6-2-6）。现在流行的乡村 · 古朴风格更多的是美式传统乡村风格。

图 6-2-6　乡村 · 古朴风格

6. 欧式风格

纯白的优雅、金色的华丽，演绎着欧式的尊贵与风情万种，欧式风格不仅豪华大气且让人感到惬意和浪漫。欧式风格最适用于大面积房屋，若空间太小，不但无法展现其风格气势，反而对生活在其中的人造成压迫感（图 6-2-7）。

图 6-2-7　欧式风格

7. 波西米亚风格

波西米亚风格是由服装领域延伸而来的，把服装风格运用到室内设计上来别有一番风味。波西米亚风格在颜色搭配上往往以鲜艳色彩为主，大量运用异域元素，表现不拘一格的自由感和异域风情，家具类型多以复古样式为主，其创意思维也发挥得淋漓尽致（图 6-2-8）。

图 6-2-8　波西米亚风格

8．地中海风格

地中海风格的设计，一般会采用这么几种元素：白灰泥墙、拱廊或拱门、海蓝色的门窗。地中海风格的灵魂，目前比较一致的看法就是蔚蓝色的浪漫情怀，海天一色、艳阳高照的纯美自然（图 6-2-9）。

图 6-2-9　地中海风格

9．东南亚风格

提到东南亚，许多人都会不自觉联想到炎热的气候，东南亚风格是一种结合东南亚民族岛屿特色及精致文化品位的设计风格，充满热带异域风情，广泛地运用木材、青铜、黄铜和天然原材料，如藤条、竹子、石材。深木色的家具配合局部采用金色的壁纸、丝绸质感的布料，借助灯光的变化体现厚重及豪华感（图 6-2-10）。

图 6-2-10　东南亚风格（1）

图 6-2-10　东南亚风格（2）

10．北欧风格

北欧风格偏向于浅淡的色彩，透露出洁净的清爽感。客厅空间的布置重点，在于家具的选择与色彩以及布品的搭配，协调、对称的技巧，让每一个细节的铺排都给人以舒适的感觉（图 6-2-11）。

图 6-2-11　北欧风格

建老师：设计风格是以不同的文化背景及不同的地域特色为依据，通过各种设计元素来营造特有的装饰风格。随着“轻装修重装饰”理念渐渐深入人心，设计风格多在软装上来体现。同学们，你们喜欢其中的哪种风格？

参照上述多种设计风格，选择自己最喜欢的那一种，画出 3 个该风格的代表性家具。

建老师：小组讨论下列图片（图 6-2-12）分别属于哪种设计风格，并说出是依照哪些特点进行分类的。

图 6-2-12　设计风格示例

建老师：查询网上资料，寻找近 3 年有哪些受欢迎的设计风格。搜寻相关图片制作 PPT，交流汇报。

活动 2　认识常用的建筑装饰材料

建筑装饰材料是指建筑主体结构工程完工后，进行室内室外的墙面、顶棚、地面的装饰和室内室外空间布置所需要的材料。

按化学性质，建筑装饰材料可分为：有机装饰材料，如木材、塑料、有机涂料等；无机装饰材料，如金属（铝合金、铜合金、不锈钢等），非金属（天然石材、石膏、玻璃、陶瓷、矿棉制品等）；有机、无机复合装饰材料，如铝塑板、彩色涂层钢板等。

按材质，建筑装饰材料可分为石材类、陶瓷类、皮革类、玻璃类、木质类、塑料类、有机和无机纤维类、涂料类、金属类、无机胶凝类等。

按装饰部位，建筑装饰材料可分为墙面装饰材料、地面装饰材料、吊顶装饰材料、门窗装饰材料等。

活 动 主 题：参观看看才了解。
活动实施方式：作为小顾客参观调查一家综合建材市场，通过参观建材市场活动，亲身直观地体验建筑装饰材料的种类，学习相关材料知识。
活动实施路径：参观探究—思考—整理资料—填写建筑装饰材料调查表（表 6-2-1）。

说了这么多，不如我们亲身体验，感性地认识建筑装饰材料。

表 6-2-1　建筑装饰材料调查表

分类		名称	品牌	规格	单价
石材 天然大理石 人造大理石	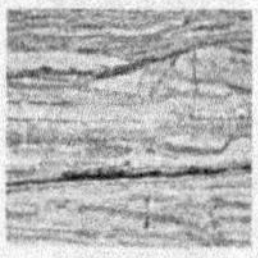				
木饰面 夹板 装饰面板 细木工板					
瓷砖					
地板 实木地板 复合地板					

续表

分类		名称	品牌	规格	单价
墙纸 纸质墙纸 PVC（聚氯乙烯）墙纸 立体印花墙纸					
涂料					
铝合金扣板					
玻璃 钢化玻璃 磨砂玻璃 夹丝玻璃					
其他					

现在市面上存在各种材料，不乏以次充好的，所以怎样更好地挑选适合的材料成了关键！

1. 建筑装饰材料的选择

选择建筑装饰材料时要考虑风格、寿命、经济、环保四大要素（图 6-2-13）。

（1）风格

在能接受的价格范围内，合理地挑选喜欢的风格。按风格的不同选材，这就要考虑材色的不同以及不同材质、曲线对该风格及设计的影响。

（2）寿命

通常家庭装饰会在 5 ~ 10 年内变动，这就要考虑建筑装饰材料的耐久性了。尽量挑选寿命长，不易腐蚀、变形、开裂的优质产品，才能保证将

图 6-2-13　建筑装饰材料选择的四大要素

来住房的舒适，要知道住房维修的费用也是很高昂的，所以在材料购置的前期就要考虑这一点。

（3）经济

从经济角度对建筑装饰材料进行挑选，应该在初期就对花费有大体的规划，既要考虑前期硬装的一次性投入，也要考虑软装的价格以及日后的维修费用，还要考虑建筑装饰材料的发展趋势。有时在关键性的问题上，适当买一些相对好的材料，可以减少日后使用中所产生的维修费用，同时不使建筑装饰材料在短期内落后，这是保证总体经济性的关键。

（4）环保

在能接受的价格范围内尽量选取环保材料，以期最大限度地减少建筑装饰材料对人体的伤害。留心建筑装饰材料的甲醛含量、辐射指数等相关指标，是否散发有害物质、是否容易霉变锈蚀等都要注意。往往相同材质下，外表看起来一模一样的建筑装饰材料价格却相差很多，但是贪图便宜带来的危害是巨大的。所以，挑选健康且环保的建筑装饰材料非常重要。

2．建筑装饰材料的功能

建筑装饰材料具有装饰、保护、改善室内环境的功能（图 6-2-14）。

图 6-2-14　建筑装饰材料的功能

（1）装饰功能

建筑的墙面装饰是通过建筑装饰材料的质感、线条、色彩来表现的。质感是指人们对材料质地的感觉。色彩搭配的好坏可以影响建筑的外观和面貌，也可以影响人的心理及心情。

（2）保护功能

建筑表面适当的建筑装饰材料不仅能起到良好的装饰作用，而且能有效地提高建筑的耐久性，减缓老旧速度，提高抗摩擦撞击系数，以致降低建筑维修费用。

（3）改善室内环境功能

例如，内墙和顶棚使用的石膏装饰板，能起到调节室内空气的相对湿度、改善环境的作用；木地板、地毯等能起到保温、隔声、隔热的作用，使人感到温暖舒适，改善了室内的生活环境。

任务3　今天的准助理设计师与装饰施工员

小　美： 建老师，能带我们去看看真正的建筑装饰设计师和装饰施工员在做什么吗？
建老师： 当然可以啊，跟我来，咱们去看看施工现场吧。

活动 1　建筑装饰施工入门

活 动 主 题：放手做做是体验。
活动实施方式：参观建筑装饰施工现场或者学校的实训基地，了解建筑装饰施工流程以及施工工艺。
活动实施路径：提出工艺流程假设—参观记录—寻找问题解决方案。

建筑装饰施工是用各种施工工具、手段和方法及合适的建筑装饰材料对建筑结构构件进行包覆、修饰，以达到预先设计和要求的效果。

建筑装饰施工涉及内容广泛，按大的工程部位划分有室内装饰施工、室外公共装饰施工，按一般工程部位划分有墙柱面装饰施工、楼地面装饰施工、顶面装饰施工、门窗装饰施工等，按装饰施工工艺划分有抹灰施工、涂料饰面施工、裱糊饰面施工、镶板饰面施工等。

建老师：为了更直观地让同学们了解建筑装饰施工流程，我们用图解的方式来介绍。

1. 开工准备

开工前，需要在物业登记，办理开工证。工地现场交底人员要齐全，由客户、建筑装饰设计师、工程监理、施工负责人四方参与。在交底时四方人员应全部到达施工现场，由建筑装饰设计师向工程监理、施工负责人详细讲解施工工艺以及需要注意的地方，并由工程监理协调办好各种手续。

开工前，建筑装饰设计公司应该向客户出示一张工期安排时间表，这是对整个施工过程的规划，也是对业主的一种承诺（图 6-3-1）。

2. 结构拆改

许多人都希望把房间打通，以便重新调整室内格局。而打通房间要做的就是拆改墙体，不过，并非任何墙体都可以拆除，如果随意拆改墙体，或将大大降低房屋的稳定性与抗震力，造成不可挽回的严重后果。

房屋设计改造中，存在新建墙体情况时，需要分清楚新建墙体的种类（图 6-3-2）。

一般家装多用轻质砖砌隔墙、骨架隔墙、成品墙体板材隔墙等组成非承重的轻质内隔墙，这样的结构墙身薄，自重小，具有隔音、防潮、防火等功能，起隔断作用而不承重。

轻质砖的品种有黏土空心砖、黏土多孔砖、混凝土空心砖、陶粒砖、膨胀加气混凝土砖等，家装常用的是膨胀加气混凝土砖。轻质砖质轻、保温、隔音，除用于非承重墙体，还可用于框架的填充墙等。

3. 燃气、水电改造

不少人为了美观等原因，想对燃气表和燃气管进行改造。一般来说，燃气管道不要也不能随便改造。如果非改不可，在改造时，必须遵循安全第一的原则。

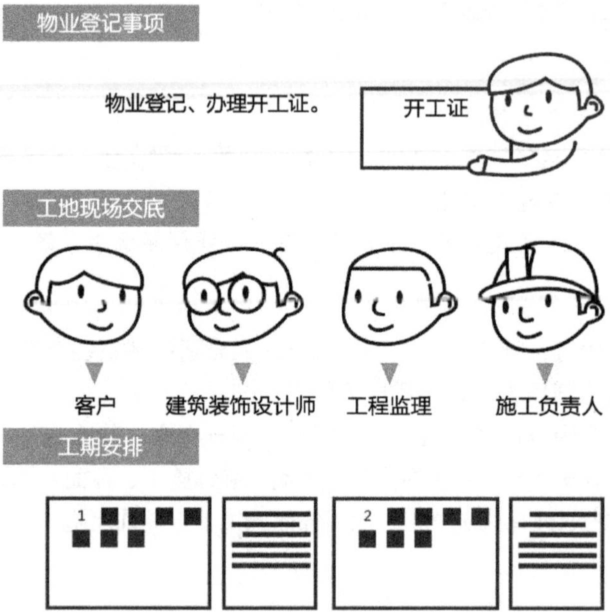

图 6-3-1　开工准备

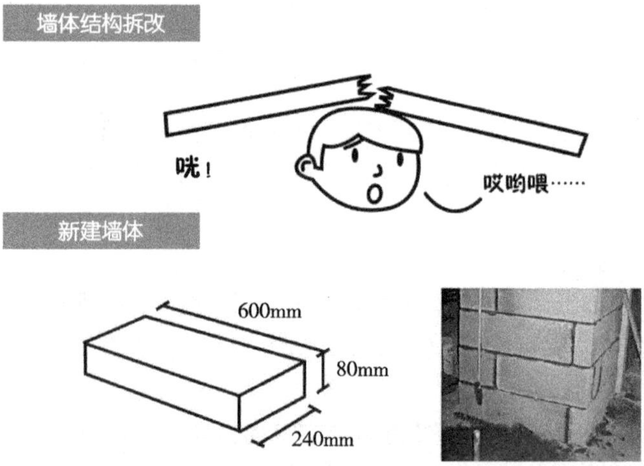

图 6-3-2　结构拆改

水电改造是非常关键的项目，对建筑装饰效果影响很大，同时隐含风险也最大。要做好水电改造，首先需制定好水电改造方案（图 6-3-3）。

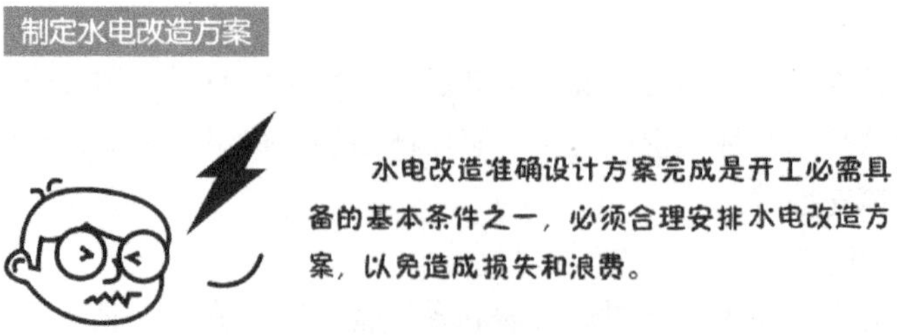

图 6-3-3　制定水电改造方案

在制定好水电改造方案后，进行水电改造工程（图6-3-4）。具体流程如图6-3-5所示。

图 6-3-4　水电改造工程

图 6-3-5　水电改造工程的工作流程

4. 木工工程

建筑装饰施工中，木工工程是一个重要的环节，好的木工能打造出不一样的效果。木工工程涉及木工材料进场、木质吊顶施工、门窗套施工、门窗更换等（图 6-3-6）。

更换门窗问题的重点在于资金情况。如果预算足够，全部或大部分换掉更好，这样风格统一，更加美观。

如今木质板材在家装中应用非常广泛，将其用作背景墙的也不在少数。使用木质材料做背景墙，装饰效果自然清新、大方美观。在制作过程中，应注意设计规划，严格把控施工质量。

实木地板基层施工有两种做法：一种是首先在水泥地坪上刷一遍冷底子油，其次铺设木龙骨，最后钉实木地板；另一种是在龙骨上先铺一层细木工板，或者是毛地板，然后钉实木地板（采用这种方法，地板受力均匀，结构牢固）。

复合地板基层施工也有两种做法：一种是首先做找平层，其次铺设 PVC 垫层，最后铺设复合地板；另一种是在水泥找平层上铺设木龙骨和毛地板，然后铺设复合地板。

木工工程中一般做固定家具。固定家具是指有特殊规格的家具，如整墙长的电视柜、全高的鞋柜和置物柜、整墙的台面板和整墙的书柜等。

木工材料进场

在木工工程施工之前要对木工材料进场把关。

木质吊顶施工

木质吊顶施工包括四大步骤：
①准备好吊顶的材料，对吊顶天花做好测量与标记；②安装木龙骨与轻钢龙骨；③做好木质吊顶造型；④吊顶封板。

门窗套施工

门窗套起着保护墙体边线的功能，门窗套可以连接室内建筑装饰材料的收口，而且还有很好的装饰作用。

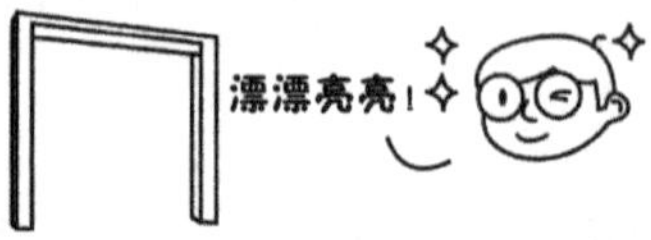

门窗更换

木质背景墙施工

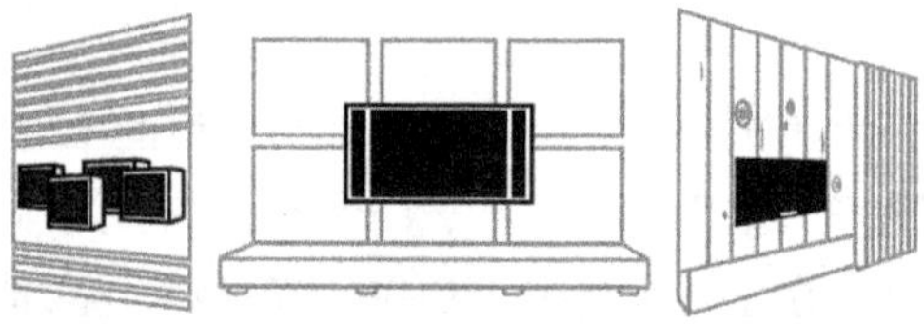

地板基层施工

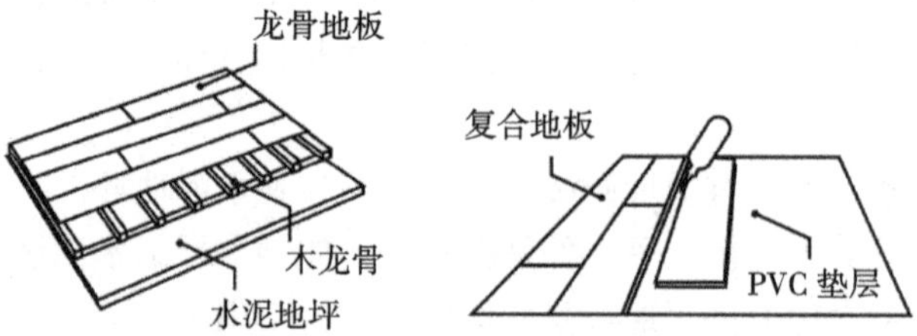

实木地板基层施工　　复合地板基层施工

木工家具制作

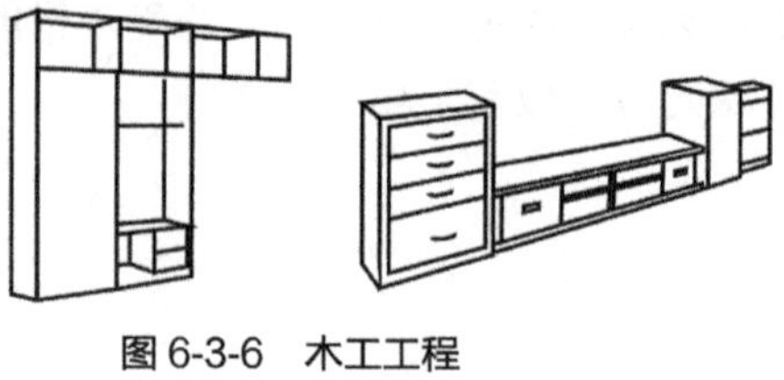

图 6-3-6　木工工程

为确保木工工程质量，还要进行木工工程验收，完成木工工程的工作流程（图 6-3-7）。

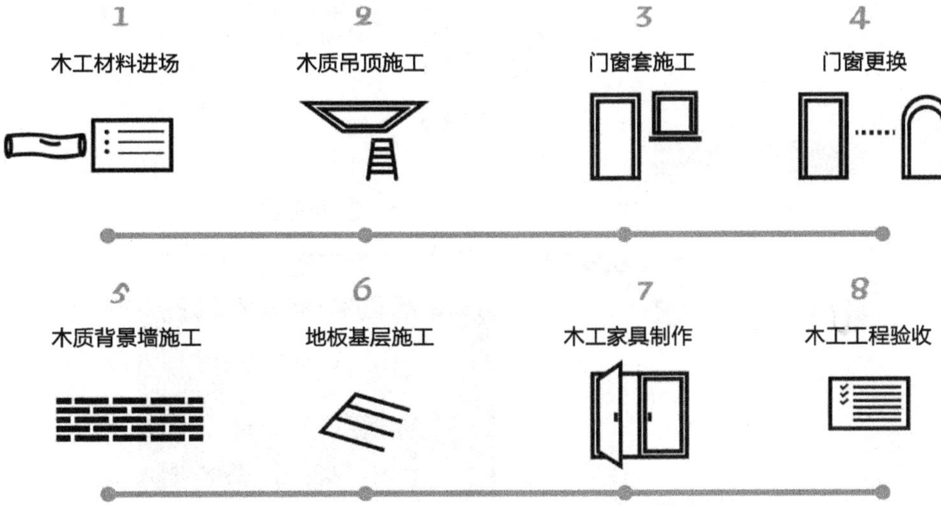

图 6-3-7　木工工程的工作流程

建老师： 我们学习了木工工程的工作流程，请同学们在课后寻找市场上有哪些新型木饰面及木质地板材料，并在课堂上分享。

5. 瓦工工程

瓦工材料进场必须进行验收，再进行后续的各道工序（图 6-3-8）。

在防水施工前要做好墙面的基层处理（图 6-3-9），要确保基层表面坚实，无粉化、脱皮、起鼓等现象。

卫浴间是防水（图 6-3-10）的重点区域，因为卫浴间墙面经常会被水淋到，地面更是常会有积水。相比于其他空间，卫浴间防水要求更加严格，必须确保万无一失，因此卫浴间防水做完之后，必须进行闭水试验，而厨房、阳台等其他防水空间则一般不需要。

地面找平是指将原始地面通过方法使地面平整度达到一定的标准。地面贴瓷砖或铺地板前，需要对地面基层进行找平处理。找平的方法主要有自流平水泥找平和水泥砂浆找平两种。

瓷砖铺贴是一项细致的工作，对施工材料、施工人员的工艺水平要求都很高。不管哪方面出现问题，都很容易出现瓷砖空鼓现象。

以往冬季来临时，我国北方常采用暖气取暖，而南方则通过烤炉等取暖。随着工艺技术的进步，地暖这一采暖方式逐渐受到人们的欢迎。地暖基本可分为两种类型：水地暖、电地暖。水地暖是以温度不高于 60℃的热水埋置于地面以下填充层中的加热管内循环流动，加热整个地板，通过地面以辐射和对流的热传递方式向室内供热的一种供暖

防水施工

地面找平

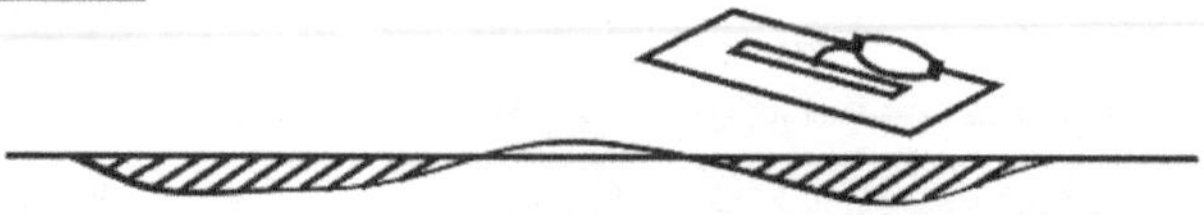

瓷砖铺贴

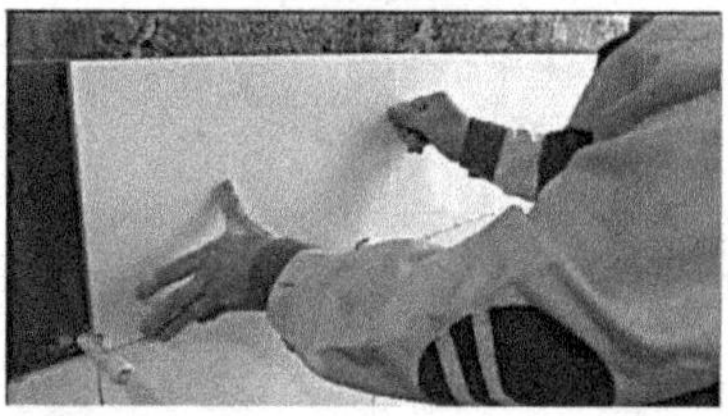

地暖安装

浴缸安装

图 6-3-8　瓦工工程

图 6-3-9　墙面基层处理

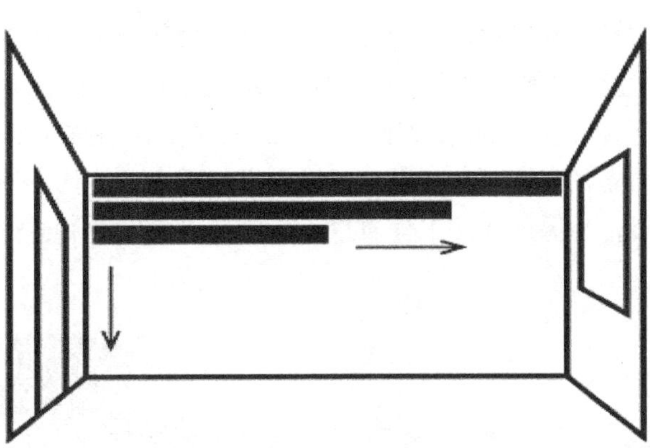

从左至右、从上至下、先墙面后地面

图 6-3-10　卫浴间防水层涂刷顺序

方式（图 6-3-11）。电地暖是将外表面允许工作温度上限为 65℃的发热电缆埋设在地板中，以发热电缆为热源加热地板，以温控器控制室温或地板温度，实现地面辐射供暖的供暖方式（图 6-3-12）。

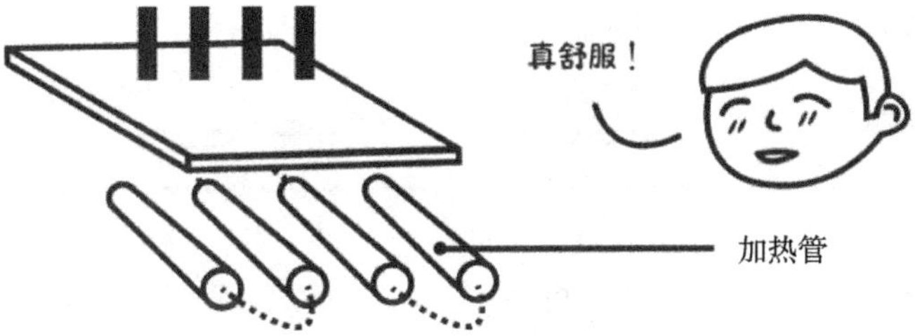

图 6-3-11　水地暖

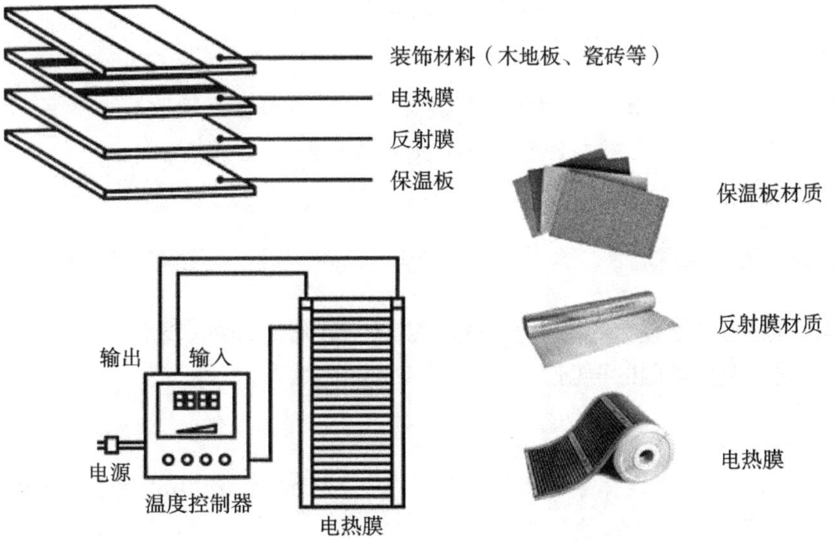

图 6-3-12　电地暖

安装浴缸首先需要了解浴缸放置的形式。浴缸的放置形式一般有两种：独立式、嵌入式（图 6-3-13）。独立式即把浴缸直接搁置在卫浴间地面上，这种方式施工方便，容易检修，适合于在地面已施工完毕的情况下选用。嵌入式是将浴缸全部嵌入或部分嵌入台面中。嵌入式浴缸较独立式浴缸而言，进出轻松方便，适合于体弱者使用。

与木工工程类似，为保证瓦工工程质量，需要在工程结束后进行验收。具体流程如图 6-3-14 所示。

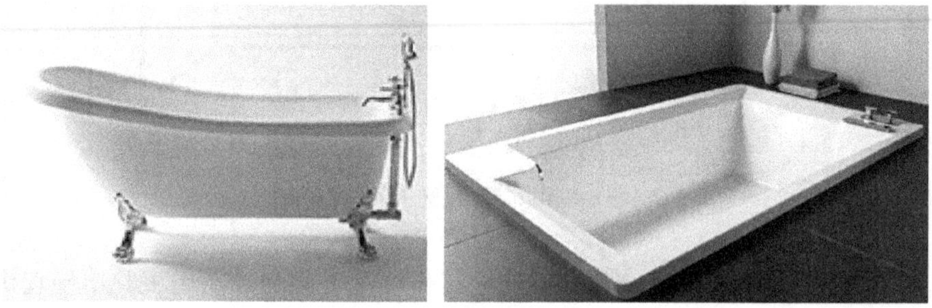

独立式　　嵌入式

图 6-3-13　浴缸放置形式

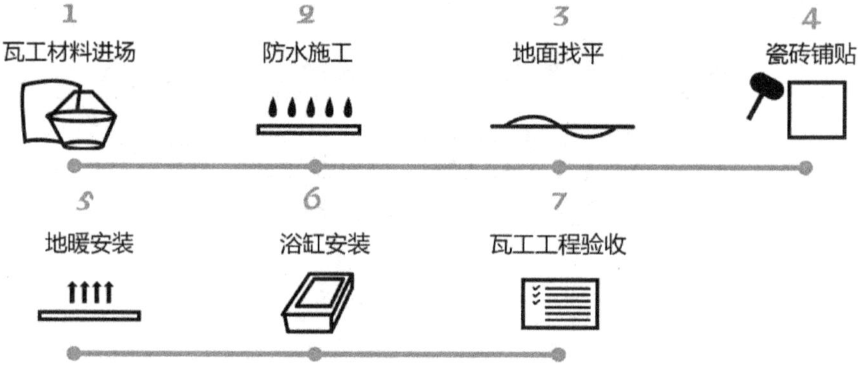

图 6-3-14　瓦工工程的工作流程

建老师： 我们学习了瓦工工程的工作流程，请同学们在课后收集一些瓦工工程施工实例图片，并在课堂上分享其施工工艺。

活动 2　对症下药做设计

室内设计是在前期装修的基础上，通过家具、灯光、织物、绿化、陈设等的选用、设计及布置，进行室内氛围的再创造，升华最终的设计效果。

建老师： 前不久各家媒体争相报道“米公寓”，25 m^2 能当 90 m^2 使用，就让我们仔细研究下“米公寓”吧。

活 动 主 题：设计涂涂成大师。
活动实施方式：根据提供的“米公寓”平面图，设计出属于自己风格的“米公寓”平面布置图。
活动实施路径：了解整体项目—明确功能布局—设计成型初稿—听取修改意见—汇报方案。

“米公寓”为典型的小户型公寓，面积仅为 $25m^2$，面向的消费群体包括城市白领、投资客与旅游爱好者等，项目特点为面积小，总价低，通透户型采光极佳。

麻雀虽小五脏俱全，受欢迎的小户型一般具有 3 个特点（图 6-3-15），能满足多元化需求（图 6-3-16）。

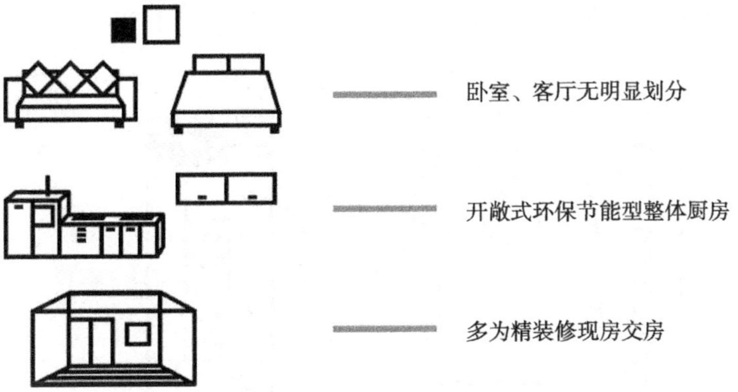

图 6-3-15　受欢迎小户型的特点

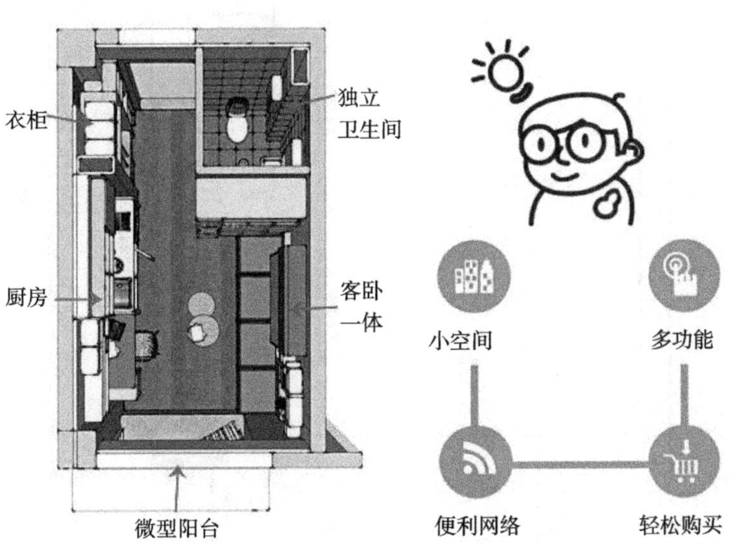

图 6-3-16　小户型能满足多元化要求

在小户型的布局设计上，满足基本功能需求是首先需要考虑的，按照重要程度和使用频率，需求排序一般为睡眠、收纳、卫浴、学习、就餐（图 6-3-17）。在满足需求的基础上，可审视布局设计的个性、时尚元素，加以升华。

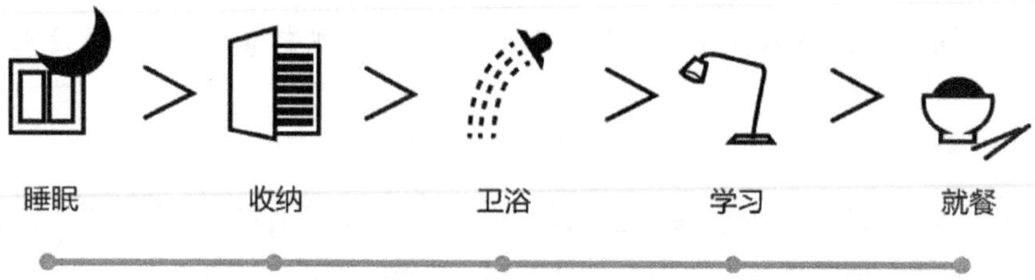

图 6-3-17　小户型需求顺序

建老师： 同学们，按照你们的理解，发挥想象力，在“米公寓”户型图（图 6-3-18）上绘制出属于自己风格的“米公寓”的平面布置图吧。

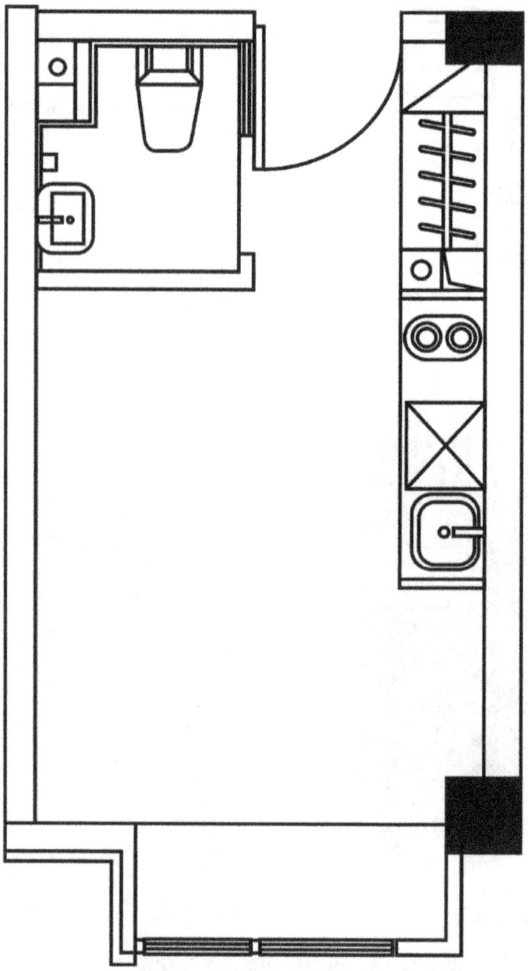

图 6-3-18　“米公寓”户型图

项目 7 建筑准职业人

PROJECT SEVEN

学习目标

1. 形成安全生产意识，掌握安全生产的基本要求。
2. 能说出建筑准职业人必备的良好工作习惯，并在实训、实习中践行。
3. 能分析自己的学习特点，分析专业学习策略，提升专业学习有效性。
4. 能够在职业素养与专业学习上，为成为建筑准职业人不断努力。

任务1 培养安全生产意识

建老师： 在建筑行业中，常常会遇到它们——钢筋、混凝土、吊机等各类施工材料和机械，它们既是生产的材料和工具，也是可能带来意外伤害的罪魁祸首。

小　美： 呀，这些可都是施工现场最常见的呢，这么普通的材料和工具会带来怎样的意外伤害呢？

建老师： 保证你们是不看不知道，一看吓一跳！先来试试你们能不能识别潜藏在施工现场的危险吧。

活动 1 识别潜藏在施工现场的危险

活 动 主 题：找一找潜藏在施工现场的危险。
活动实施方式：以小组为单位展开讨论，并展示讨论结果。
活动实施路径：各小组仔细阅读给出的材料，搜索材料中出现的潜藏在施工现场的危险，组长记录（表 7-1-1），完成后小组进行展示。

阅读材料

天降砖块，未戴安全帽工人被砸身亡

2015 年 4 月 6 日下午，甘肃省兰州市雁滩一施工工地发生一起安全事故。冷姓工人和其他人一起搬砖块往楼上吊运，由于运料箱装入砖块太多，塔吊运吊至空中后，一砖块突然坠下，砸中楼下冷某头部。冷某因颅骨粉碎性骨折，颅脑出血不治死亡。事发时该工人没有戴安全帽。

工地触电，事故致 3 死 1 伤

2014 年 6 月 18 日上午，陕西省榆林市定边县一建筑工地，4 名年龄 30～40 岁的工人在粉刷建筑楼房室外墙壁，由于未注意高压线与楼房的高度，在搬运一个铁架子时，不慎触碰到了顶部的高压线。4 名工人中，3 名当场死亡，1 人重伤。

高处作业不系安全绳，导致坠落

某施工工地的建筑拆除人员站在被拆除楼板的上方作业，但是未采取任何安全防护措施。被拆除的楼板断裂后，施工人员重心不稳，随楼板一起坠落。

搅拌机绳索断裂，女工被砸身亡

2010 年 4 月 24 日上午，黑龙江省哈尔滨市一建筑工地，一名作业人员史某，同另两名作业人员在工地内搅拌机旁进行搅拌作业时，连接料斗的钢丝绳突然断裂，瞬间坠下的料斗将史某砸中，史某经抢救无效身亡。

脚手架坍塌，致多人死伤

2015 年 2 月 9 日下午，云南省文山州职教园区一工程在进行混凝土浇灌时，脚手架发生坍塌事故，造成 7 人死亡，8 人受伤。

表 7-1-1　小组讨论记录表

背景资料	罪魁祸首	事故种类	发生原因
天降砖块，未戴安全帽工人被砸身亡			
工地触电，事故致 3 死 1 伤			
高处作业不系安全绳，导致坠落			
搅拌机绳索断裂，女工被砸身亡			
脚手架坍塌，致多人死伤			

小　美： 我发现了，建筑施工中主要有五大伤害，包括物体打击、触电、高处坠落、机械伤害、坍塌。

建老师： 总结得很好，建筑施工中的五大伤害可以占到事故总数的 85% 以上。

小　美： 老师，那我们怎么样才可以保护自己，在施工过程中避免受到伤害呢？

建老师： 这个问题问得很关键。安全事故往往发生在一瞬间，令人猝不及防，但是只要我们能够在识别它们的基础上，注意防范它们，练习应对它们，就能最大限度地实现安全生产。作为一名未来的建筑人，无论从保护自身的角度，还是从一个合格职业人的角度，安全都是我们永远不能忘记的要求。作为建筑学校的学生，在进行实训、实习等活动时，就要养成安全生产意识，学习防范和应对伤害。

活动 2　防范施工现场的危险

活动主题：学习实训、实习、施工安全三步走。

活动实施方式：以小组为单位完成任务并展示。

活动实施路径：学习正确佩戴个人防护用品，学习严格按照操作规程施工，将安全意识时刻铭记在心。

第一步：正确佩戴个人防护用品

一个即将进入实训基地或者施工现场的人，和一个正在逛街的人，在穿着上会有什么区别呢？来看一看这个“全副武装”的施工员（图 7-1-1）吧。

图 7-1-1　“全副武装”的施工员

数一数：你能说出这个施工员的安全装备包括哪几样吗？

比一比：每个小组派一位代表参加安全装备佩戴比赛，看哪个小组的选手佩戴得又快又准确。

小　美： 哇，刚才的比赛真是太激烈了！我从中体会到了欲速则不达的道理，千万不能光追求速度，而忽略了佩戴的标准！以后我们进入实训基地或者施工现场时，也一定不能为了赶时间，而忽略佩戴自己的安全装备呢！

建老师： 小美，你能意识到这一点太好了，就是这个道理。我们要确保整理好个人防护用品，才可以正式进入实训基地或者施工现场。

建老师： 安全帽、安全绳、安全网是我们建筑人的“安全三宝”（图 7-1-2）。由于建筑行业的特殊性，高处作业中发生物体打击、高处坠落事故的比例较大。许多事故案例都说明，由于正确佩戴了安全帽、安全绳或按规定架设了安全网，避免了伤亡事故。

扫描前言中的二维码，获得更多知识。

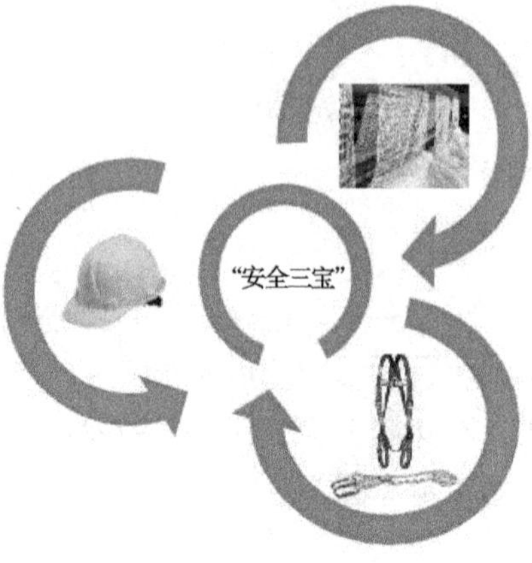

图7-1-2 “安全三宝”

第二步：严格按照操作规程施工

建老师： 操作规程是施工现场的规范，可以最大程度保障工程质量和施工人员的安全。小美，你还记得在阅读材料中看到的脚手架坍塌事故吗？

小　美： 记忆犹新呢，事故造成了十几人死伤，太惨了！

建老师： 是这样的。建筑工地上最常见的就是脚手架，纵横交错的脚手架可不是随便搭建的，搭建脚手架的人员称为架子工。让我们随一名架子工来看看他需要遵守怎样的操作规范（图 7-1-3）吧。

小　美： 好呀，我迫不及待地想知道呢！

患有高血压、心脏病、恐高症等疾病的人，不准上架操作；严禁酒后上架操作。

架设脚手架必须系安全绳、戴安全帽、穿软底鞋、扎好裤脚及袖口。

施工人员上下应走专用通道，严禁随意攀爬。

在高处作业时，应备有工具袋，工具不用时放入工具袋内。

禁止下层作业人员在防护栏杆、平台等下方休息。

在作业平台作业或行走要注意脚下探头板。

拆下的部件应用绳索等向下传递，严禁抛丢。

搭设脚手架时垫木应铺设平稳，不能有悬空，避免脚手架发生整体或局部沉降。

图 7-1-3　架子工操作规范示例

建老师： 以上内容只展现了一名架子工需要遵守的操作规程中的一部分。作为一名架子工，应牢记并遵守这些规程，才能保障自己和工友的安全。在施工现场，还会有许多安全警示标识，它们起到提醒我们遵守操作规程的作用。

小　美： 是哦，以前路过各类建筑工地的时候，会看到工地上挂着一些黄颜色的小牌子，那些就是安全警示标识吧。

建老师： 安全警示标识有黄颜色的，也有其他颜色的。下面，让我们来认识一下各种安全警示标识吧。

连连看，你能把施工现场安全警示标识和它的含义对应起来吗（图 7-1-4）？

图 7-1-4　安全警示标识示例

建老师： 安全警示标识是为防止发生事故，对作业场所汇总危险点进行提示和指引的设施，分为禁止标识、警告标识、指令标识、提示标识。

禁止标识指制止人员不安全行为的图形标识。

警告标识指提醒人员对周围环境引起注意以避免可能发生危险的图形标识。

指令标识指强制人员必须遵守某项规定，做出某种动作或采用防范措施的图形标识。

提示标识指向人员提供某种信息的图形标识。

第三步：安全意识时刻铭记在心

建老师： 意外的发生是无法预测的，而安全的保障是有规律可循的，安全只有“起点”，安全意识始终不可松懈。无论是在专业实训、企业实习或者建筑行业生产中，必须牢记安全基本定律。

小　美： 安全基本定律有哪些呢？

建老师： 我们接着往下看。

猜一猜：仔细观察图片（图 7-1-5 ~ 图 7-1-8），每一张图片代表了一条安全基本定律，你能猜出这些图片代表的安全基本定律分别表达了什么内容吗？

图 7-1-5　不等式定律

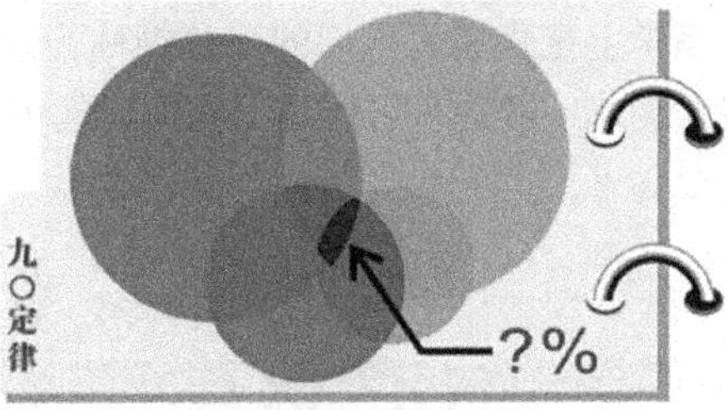

图 7-1-6　九〇定律

图 7-1-7　多米诺定律

图 7-1-8　桥墩定律

小　美：这些图片还真是考验脑力！

建老师：不仅要猜得出这些定律，还要牢记这些定律。生命无价，警钟长鸣，关乎生命的事情，再谨慎小心都不为过。

小　美：那万一遇上了意外伤害事故，怎么办呢？

建老师：那就得靠自救互救的技能了。

活动3　自救互救降损失

活动主题：学习意外伤害事故发生时的自救互救方法。
活动实施方式：以小组为单位完成任务并展示。
活动实施路径：以小组为单位进行资料查找和讨论，完成表7-1-2的填写，并在老师带领下进行模拟演练。

在进行专业实践活动或者实际施工作业时，意外伤害发生的概率要远大于平时，掌握必要的现场紧急救护知识，能尽量减少损失，甚至挽救生命。

医学上把伤害发生后的4分钟称为急救的“黄金时间”。随着城市的不断扩大和交通的日益拥堵，救护车可能难以在短时间内到达现场，此时正确的自救和互救措施就显得尤为重要。

表7-1-2　施工现场自救互救方法

类型	自救互救方法（小组讨论结果）	自救互救方法（对讨论结果的修正）	演练中的注意点
被困施工电梯 			
高处坠落 			
中暑 			

续表

类型	自救互救方法（小组讨论结果）	自救互救方法（对讨论结果的修正）	演练中的注意点
触电 			
创伤 			

注：图片出自《学生安全知识》（机械工业出版社）。

小　美：这些方法太有用了，说不定能在关键时刻救命呢！

建老师：生命无法重来，自救和互救不仅需要爱心、勇气，更需要专业知识与技能。在开展救护时，切记只做自己会做和能做的事，因为不恰当的紧急救护反而可能损害生命，所以要慎之又慎！

小　美：老师的叮嘱，我记住了！

建老师：推荐大家读一读《学生安全知识》，可以学到更多相关知识。

小　美：嗯，通过这个任务，我明白了，安全是每一个人生存和成长的前提，也是建筑工程施工顺利实施的重要保障。

建老师：说得对！进入施工现场前，要掌握相关的安全知识和自救互救方法，养成良好的安全习惯。做到安全第一、预防为主！

任务2 养成良好工作习惯

建老师：著名教育家乌申斯基曾说，好习惯是人在神经系统中存放的资本，这个资本会不断地增长，一个人毕生都可以享用它的信息。

小　美：这就说明，好习惯真的很重要喽。

建老师：的确是这样，比如饭前洗手的习惯就能预防病从口入，让我们一生受益。其实，在我们的学习和工作当中，也需要好习惯。良好的习惯，不仅方便自己，有时候还方便别人，良好的习惯会让自己学习和工作起来更轻松，也会让我们一生受益。

小　美：良好的习惯这么重要啊。可是，我都不知道作为一名建筑准职业人需要养成哪些工作习惯。

建老师：别急，我们一起来找一找。

任务主题：寻找建筑准职业人需养成的良好工作习惯。

任务实施方式：以小组为单位完成任务并展示。

任务实施路径：阅读漫画，讨论漫画表现出的工作习惯，并将结果记录在表 7-2-1 中。

表 7-2-1　良好的工作习惯

图片	良好的工作习惯	益处	如何养成

续表

图片	良好的工作习惯	益处	如何养成

续表

图片	良好的工作习惯	益处	如何养成

小　美： 原来要成为一名合格的建筑准职业人，需要养成这么多好习惯啊！我能做得到吗？

建老师： 别担心，其实好的习惯是在平时的学习、实训、实习的一点一滴中养成的。大家已经提出了这么多条建议，只要你有意识地坚持去做，和小组的同学们互相督促，好习惯的养成，指日可待！

任务3　寻找有效学习方法

建老师： 小美，如果说刚刚来到学校的你还是“一张白纸”的话，你希望多年以后的自己取得怎样的职业成就呢？是成为高级技工，是当上项目主管，还是创立建筑公司？

小　美： 我想想啊，嗯……我想当高级技工！现在社会上不是很缺少这样的高级技能型人才嘛。噢，不！我还是当建筑公司老板吧，赚大钱！哈哈哈……

建老师： 可能你现在还不清楚自己的目标，但无论最后你选择的目标是什么，“千层之塔，始于垒土”，美好的未来都始于脚下的每一步。你知道在中等职业学校的学习和以前的学习有什么不一样吗？

小　美： 以前就是做题呗。不过在中等职业学校是怎么学习的，这个问题，我还真是没想过呢。

建老师： 想知道在中等职业学校学习的妙招吗？笛卡儿说过，最有价值的知识是关于方法的知识。让我们一起开启智慧之门，寻找这最有价值的知识吧。

活动 1　学习类型知多少

活动主题：了解自己的学习类型。

活动实施方式：自我测评。

活动实施路径：按照自己的真实感受和想法回答测评题目，并对照统计方法，得出测评结果，以此指导自己的学习。

为什么有的人只听了一遍歌，就能哼个大概，而你听了一小时，还是不会唱？为什么有些学习方法对别人来说很有效，对你来说却完全不起作用呢？试试通过下面的学习类型测试发现答案。

学习类型测试

对于下面的每个问题，选择第一个出现在你脑海中的答案，不要花太多时间思考。

① 你愿意采用哪种方法来了解计算机是如何工作的？

A．看一部这方面的电影　　B．听别人关于它的解释

C．把计算机拆开，试图自己发现规律

② 你喜欢阅读什么样的书？

A．带有很多图片的书　　B．有很多对话的书

C．有提问也有解答的书

③ 当你不能确定如何去拼写一个单词时，你最有可能做什么？

A．把它写出来，看它是否像是对的　　B．把它读出来

C．查字典

④ 你参加了一次宴会，第二天你最有可能回忆起什么？

A．参加宴会人的脸，而不是名字　　B．参加宴会人的名字，而不是脸

C．在宴会上你所做的事和说的话

⑤ 为了准备考试，你会如何学习？

A．读笔记，读书的标题，看图示和图解

B．让人问你问题，或者默默地自己复述一些事实

C．在卡片上记录并设计模型和图示

⑥ 当你看到单词“dog”（狗）时，第一反应是什么？

A．想到特定的狗的图片　　B．默默对自己说“dog”这个单词

C．出现牵着狗的感觉

⑦ 当你想集中精力时，你觉得最让人分心的是什么？

A．视觉干扰　　B．噪声

C．其他一些感觉，如饥饿、鞋子紧、担心等

⑧ 你喜欢用什么方式解决问题？

A．做一个清单，把每一步组织好，做完后检查

B．打几个电话，跟朋友或专家聊聊

C．设计一个问题的模型，在头脑中把所有的步骤演练一遍

⑨ 在电影院门口排长队时，你最有可能做什么事？

A．看电影海报　　B．跟站在身边的人聊天

C．来回溜达

⑩ 你刚进了一家科学博物馆，你会首先做什么？

A．四下张望，找一个显示展位的引导图

B．跟博物馆的向导询问，请教有关展览的事情

C．直接来到一个看着有趣的展位

⑪ 当你生气的时候，你最有可能做什么？

A．沉着脸　　B．喊叫或大发雷霆

C．跺着脚出去并摔门

⑫ 当你高兴的时候，你最有可能做什么？

A．露齿而笑　　B．高兴地喊叫

C．高兴地跳起来

⑬ 你愿意参加什么？

A．艺术班　　B．音乐班

C．体操班

⑭ 当你听音乐时你会做什么？

A．白日梦（想象伴随音乐的图像）　　B．哼唱起来

C．随音乐活动，用脚踏出节拍等

⑮ 你会怎样来讲一个故事？

A．写出来　　B．大声讲出来

C．把它扮演出来

⑯ 哪种餐馆你可能不愿进？

A．灯太亮的　　B．音乐声太大的

C．椅子不舒服的

回顾一下你的所有选择，它们有规律吗？有效的学习方法具有一定的人际差异性，所以并不是每种学习方法和策略对所有人都有效，不同的学习类型适合采用不同的学习策略。

- 如果你的选择大部分是A，你可能是视觉学习类型，偏好通过观察来学习。
- 如果你的选择大部分是B，你可能是听觉学习类型，偏好通过听来学习。
- 如果你的选择大部分是C，你可能是动觉学习类型，偏好通过触摸和行

动来学习。

- 如果你有几次在一题上选了 2 个或 2 个以上的答案，那么你可能是混合型的学习类型。

小　美：原来我是视觉和动觉的混合类型呀，我现在觉得更了解自己了，太有意思了！

建老师：充分利用感官优势，会大大提高学习效率。例如，动觉学习类型就很适合通过实训来学习。当然，学习类型只是一种偏好，我们对于不同的任务会采用不同的学习类型是正常的，多感官同时参与学习，也会使学习效果更好。

小　美：我会在不同的学习任务中，尽量运用我的优势来学习。

建老师：这就对了！小美，就像我们每个人会有不同的学习特点，其实不同建筑专业方向也有各自的特点，适合采用不同的学习策略。

小　美：哦？那之前了解过的建筑专业“三剑客”，适合采用什么样不同的学习策略呢？

建老师：想知道吗？可以请专业老师来为你解答哦。

活动 2　专业学习策略知多少

活 动 主 题：探索专业学习策略。

活动实施方式：以小组为单位采访专业老师，填写表 7-3-1 并展示。

活动实施路径：每个小组选择 1 ~ 2 位专业老师作为采访对象，并拟好采访提纲，记录采访内容，将采访结果予以整理，以小组为单位进行展示分享。

建老师：知道了怎么游泳，一定就会骑自行车了？你们一定觉得这是天方夜谭。是的，这的确不可能。所以，有效的学习方法还具有专业差异性，并不是每种学习方法和策略对所有科目都有效。建筑工程施工、工程造价、建筑装饰这建筑“三剑客”的学习策略到底有啥不一样呢？不要慌，快去找专业老师为你们支招吧！

表 7-3-1　专业学习策略表

专业	采访对象	老师建议	我的感想
建筑工程施工			
工程造价			
建筑装饰			

建老师： 看到这么多专业老师提出学习策略建议，建老师我也忍不住想和大家分享提升学习效果的十大通用好习惯啦！它们分别是学习有计划、定时学习、定量学习、学习不马虎、一心一用、不懂的东西及时问、做错及时改、课前预习、上课集中注意力、复习后再做作业。

小　美： 谢谢老师的分享呀！我一定会在专业学习中好好运用的！

建老师： 小美，问你一个问题，专业老师在和你们分享专业学习策略的时候，有提到实训这个词吗？

小　美： 呀，真神了！建老师，您怎么知道他们会提这个？

建老师： 因为实训是职业学校学生学习专业知识和技能很重要的途径，老师们一定会提到的。

小　美： 您快说说有哪些在实训中学习的机会吧。

建老师： 别着急，这就告诉大家。

活动 3　实训、实习知多少

活 动 主 题：学会在实训、实习中学习。
活动实施方式：以小组为单位完成任务，并展示成果。
活动实施路径：仔细观察图片，在小组内讨论，交流汇报结果。

建老师： 专业知识与技能是我们中等职业学校学生求职的资本，所以除了文化基础课之外，专业理论的学习、专业技能的掌握、职业素养的训练格外重要。从进校的第一天起，就要有苦练专业技能、提升职业素养的意识，人无我有，人有我精，在实训、实习中迅速成长，这样才能在将来激烈的就业竞争中闯出自己的一片天地。

认一认：学校里有许多实训、实习的项目，学过了建筑专业“三剑客”，你能识别以下图片（图 7-3-1）分别代表什么项目吗？

项目：________

项目：________

图 7-3-1　实训、实习项目

项目：________

项目：________

项目：________

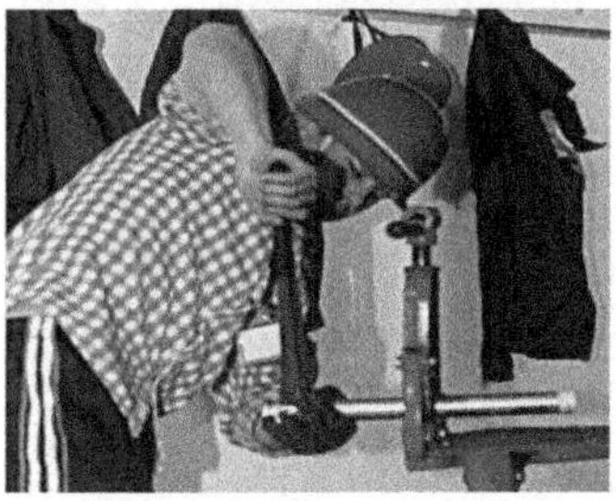
项目：________

图 7-3-1　实训、实习项目（续）

看一看：每年的国家级、省级等各级各类职业院校学生专业技能大赛，都有适合建筑专业学生参加的比赛项目，每年也有许多优秀的建筑专业学生摘金夺银，崭露头角。这么厉害的人物们，来认识一下他们中的代表吧！

阅读材料　**学长榜样：技能大赛金牌**

在 2016 年全国职业院校技能大赛上，嘉兴市建筑工业学校段文桐、段永辉、吕云飞同学，荣获智能家居安装与维护项目金牌。

在 2016 年全国职业院校技能大赛上，绍兴市中等专业学校邵浩琦、沈烨东、封紫阳、陈伟烽同学，荣获建筑工程测量项目金牌。

在 2016 年全国职业院校技能大赛上，绍兴市柯桥区职业教育中心王伟楠、王吉祥同学，荣获建筑 CAD 项目金牌。

找一找：请借鉴之前任务中获得的各种资料，开展小组讨论，如何实现专业技能学习的“三结合”，填写在方框中。

专业课堂与生产实际相结合。

请你来发现：通过哪些方法可以了解当下最新的企业生产要求？

动脑分析与动手操作相结合。

请你来发现：学校可以提供的理实一体机会有哪些？

学校学习与实践经验相结合。

请你来发现：学校可以提供的工学交替机会有哪些？

建老师： 我们烹制番茄炒蛋这道菜的时候，放鸡蛋和番茄的顺序不一样、时间点不一样，做出来菜的味道和品相就会不一样。专业技能学习也是一样的道理，技能的掌握有它自身的特点和规律。为了更高效地掌握专业技能，需要注意以下五点。

一是注意专业老师的讲解和示范，加强观察，牢记操作方法和要领，在头脑中建立起“做什么”和“怎么做”的印象。

二是用正确的姿势模仿操作，严格按照操作规程，纠正错误动作，减少多余动作，循序渐进。

三是熟能生巧。动作迅速和精确是技能熟练的特征，既不能为提高动作速度而忽略精确性，也不能只重视精确性而不顾速度。不需要刻意思考，就能自动进行快速精确的操作，需要多加练习才能达到。

四是重视专业老师补充的近年来成熟的新技术、新工艺和新材料的知识，突出技能训练的先进性和实用性。

五是有对比才有提高，将校内实训操作和企业现场操作相对照，将书本理论介绍和企业技术人员经验相对照，在对照中摸索规律和诀窍，在仿真环境下练习。

活动 4 学习建议大搜集

活 动 主 题：七嘴八舌说建议。

活动实施形式：以小组为单位完成课外调查并展示。

活动实施路径：编制调查问卷，实施调查，统计分析结果，在课上进行展示分享。

建老师： 关于学习建议，可以进行一次小型的课外调查。你们可以走访专业老师、学长、从事建筑行业的亲友，还可以走进企业采访员工，了解他们对于专业学习的态度和建议。

首先，编制提纲，设计好几个问题。例如，“您觉得学好 ×× 专业最重要的是掌握什么内容?”“您对学习 ×× 专业的我们有什么建议?”等。

其次，将采访的结果进行简单的统计，看看他们是如何进行专业学习的。

最后，开一次主题汇报课，各小组汇报调查结果，交流采访体会，共享集体的智慧。

问卷范例

专业学习小调查

您好！非常感谢您在百忙之中参加我们的调查活动，我们是建筑专业的一年级学生，希望能和您交流专业学习的感受。您提供的资料只会用于课堂交流和分享，不会对您或您所在的单位产生任何不利影响。希望您能根据自己的学习和实践经验填写。

性别：____　　年龄：____　　职业：____________

请在您想选择的项目上打“√”，如果需要写下意见，请写在横线上。

1. 您觉得学好建筑工程施工专业最重要的是掌握什么内容?

____

……

小　美： 这个课外调查好像有点儿难啊。

建老师： 第一次开展课外调查，觉得有点儿难也是正常的，这不是还有小组集体的智慧嘛。万事开头难，只要按着上述 3 个步骤进行，你一定会喜欢上课外调查的。有问题也可以随时向老师咨询。

小　美： 好，我会尽力去做的，期待收获惊喜。

建老师： 一定会的，加油！

PROJECT EIGHT

项目 8 建筑与人生

学习目标

1. 了解职业教育发展的趋势与要求，了解建筑行业与建筑人的发展前景。
2. 掌握职业生涯规划的一般方法。
3. 能够发自内心热爱建筑行业，坚定成为建筑人的信念。

建老师：小美，你参加过自助游吗？

小　美：参加过啊。初三的暑假我就和朋友一起去了厦门呢，我们就是自助游，特别开心！

建老师：出发前，你们做了哪些准备呀？

小　美：嗯……比如确定行程啦、购买车票啦、预订住宿啦之类呗，事情还挺多的，忙活了好一阵呢。

建老师：是啊，在旅行开始前，往往需要我们估算时间和花费、考察天气和路线等。其实，人生也如同一场旅行，但对于职业生涯这场重要的人生旅行，许多人没有准备好就上路了，他们厌倦自己的工作，感受不到生活的价值。

小　美：这样的职业生涯一定很不开心，我可不想这样。自己的未来应该自己做主。

建老师：记得你之前说过，还没有想好自己将来做什么，对吧？那就需要尽早做好职业生涯规划，帮助自己走出迷茫，明确奋斗目标，提高职业竞争力！

任务1 积财千万，不如薄技在身

小　美：是不是成绩不好的学生，只能来读职业学校呢？

建老师：不是的。职业教育在发达国家很受重视，它使整个社会的技术含量、职能含量和社会价值含量不断提高，它使国民的整体素质不断增强。从这个角度来讲，职业教育不是为教育而教育，而是为了国家的发展而教育。

任 务 主 题：各国职业教育大悠游。
任务实施方式：自我思考、小组讨论和展示。
任务实施路径：阅读给定材料或自行查找材料，了解有代表性的国家的职业教育特点，了解中国职业教育的发展，在小组内谈谈自己的感受，以小组为单位进行分享，并将各小组的主要观点记录在表 8-1-1 中。

阅读材料

世界各国的职业教育

德国 1889 年的《工业法典》规定企业学徒培训必须与职业学校教育结合。1969 年的《职业教育法》，正式把职业教育作为国家教育制度确定下来。

韩国政府对职业高中的财政拨款和奖励多于普通高中；职业高中学费较普高低；优秀学生可免试入学；优先推荐职业高中毕业生就业。

德国职业教育的“双元制”模式是一种国家立法支持、校企合作共建的办学制度。“一元”是指职业学校；“一元”是指企业等单位的校外实训场所。这种制度融合了学校、企业的双重优势，可以带来学生质量的大幅提升，在国际上也是主流发展趋势。

政府出面干预，使产学合作制度化，使学校和企业相互支援、共同受益。一方面，企业要按给予学校的财力支援比例来分享教育成果；另一方面，学校要通过培养企业所需人才，来接受企业的资金援助。

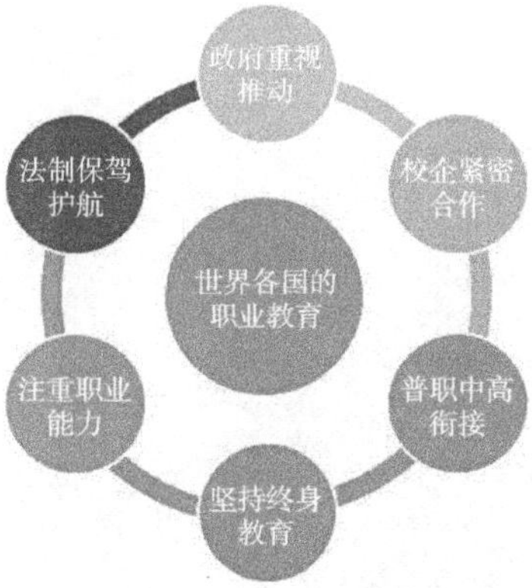

新加坡提出“教育工厂”的新教学模式，把学校按工厂模式办，把工厂按学校模式办，给学生工厂的生产环境，让学生学到实际知识和技能。

1971 年，美国积极倡导终身化的职业教育——生计教育，帮助人们从幼儿园到成年获得全部生涯的谋生技能，并形成个人生活方式。这是一种终身意义的职业教育。

澳大利亚为义务教育后的教育与培训建立了全国统一的证书、文凭与学位框架、与工作岗位相对应的教育和培训证书体系，各类证书文凭之间可实现“等值换算”，使普职、中等高等教育、职前职后教育衔接起来。

中国职业教育迎来了一个春天

2014 年，是中国职业教育发展史上最惊天动地的一年，国家投入了前所未有的关注。中国职业教育迎来了一个春天。

2月26日，李克强主持召开国务院常务会议，部署加快发展现代职业教育。

5月2日，国务院印发《关于加快发展现代职业教育的决定》，提出到2020年形成职业教育体系。

5月21日，教育部办公厅公布首批《中等职业学校专业教学标准（试行）》。

6月16日，教育部、国家发展和改革委员会、财政部等六部委联合印发《现代职业教育体系建设规划（2014—2020）》。

“我上的是‘3+2’班，通过考核就可以上大学，还比其他人早一年毕业。”一名中考成绩超过普高线仍选择职业学校的学生这样解释道。

6月23日至24日，全国职业教育工作会议在北京召开。习近平就加快职业教育发展做出重要指示。

8月25日，教育部下发《关于开展现代学徒制试点工作的意见》，要求各地重视此项工作，加大支持力度，大胆探索实践。

11月24日，有关部门就职业教育法修订草案听取各方专家意见。

11月27日，中央财政提前下达20亿元补助资金，支持改善中等职业学校基本办学条件。

习近平在全国职业教育工作会议上说：职业教育是广大青年打开通往成功成才大门的重要途径！

当前，中国需要“打造中国经济升级版”，需要从低端制造业中转型升级，就必须建立起培养现代职业技术工人的教育体系。

表 8-1-1　小组分享记录表

组别	主要观点	我的评语
第 1 组		
第 2 组		
第 3 组		
第 4 组		
第 5 组		
第 6 组		
……		

小　美： 这样看来，国家为我们的学习和发展，投入了很多呢！

建老师： 的确如此，你可以算一算，每个学生减免学费 2 年，国家每年为中职生减免的学费大概是多少。

小　美： 我来算一算，是__________。哇，这么多啊！

任务 2　建筑职业人“晋级”路线

建老师： 沐浴着职业教育阳光雨露的你们，准备好在这个“春天”里大展身手了吗？建筑行业是一个靠技术吃饭的行业，顺利进入职场的敲门砖就是相应的职（执）业资格证书，同时，这些证书也代表了你们所具备的从事相关建筑工作的能力（图 8-2-1）。

小　美： 那我们需要考的职（执）业资格证书有哪些呢？难不难呢？我最怕考试了。

建老师： 接下来我们就来看一看。

任 务 主 题：了解建筑行业的职业资格与职称。

任务实施方式：以小组为单位完成任务并展示。

任务实施路径：以小组为单位，进行资料查找、讨论，完成表格（表 8-2-1）填写，并进行展示。

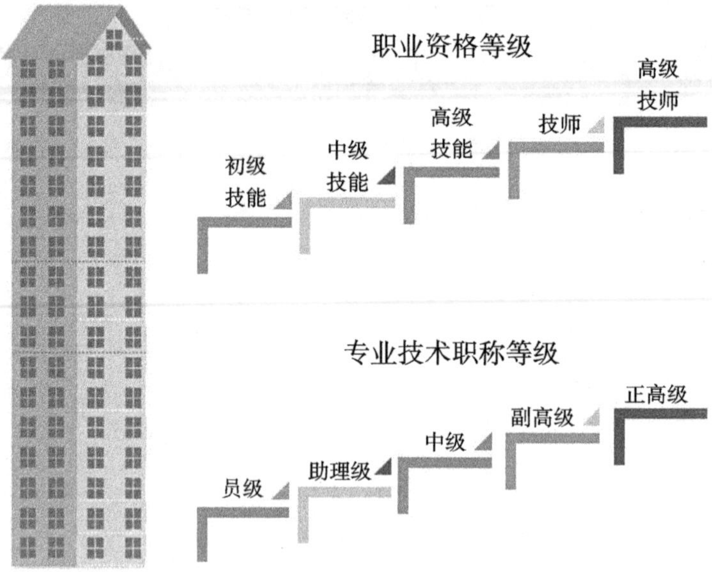

图 8-2-1　建筑行业的“晋级”路线

建老师： 从中等职业学校毕业开始，大家就可以考取证书了，越高级的证书代表你在相应专业领域占有越重要的地位！

查一查：通过互联网查找、老师采访，找一找有哪些适合建筑专业学生的从业或职（执）业资格证书，填写表 8-2-1。

表 8-2-1　建筑行业资格证书报考建议

等级	可考证书	适用专业	报考条件	考试内容与要求
新手刷级				
中等段位				
高手过招				

小　美： 要考很多证书，乍一看很难，但是研究了这个表格我发现，只要在某一个专业里，一步一步，从基础到高级，慢慢准备慢慢考，其实也完全有可能考到很好的等级呢，因为这些证书的考试内容和要求其实也是循序渐进的。

建老师： 小美，你越来越善于从资料中发现规律了，这就是一种很好的学习能力。

小　美： 嘻嘻，老师，您夸得我都不好意思了。但是，考完各种证书之后，还能干什么呢？

建老师： 积累了一定的专业工作经验，考取了相应的证书之后，就可以申报建筑职称了！

阅读材料

建筑职称有什么作用?

首先，职称为你的职业发展开拓空间。如果你有了建筑职称，会受到更多企业的青睐，选择多了，发展自然更好了。

其次，职称为你的职业发展提供目标和努力方向。按照国家规定，取得一定的职称，才可以报考相应的职业资格；同时，获得一定的职业资格，才能申报更高一级的职称。如果你不想做一辈子的施工员，职称就是目标和方向，当企业提拔人才时，首先考虑的是职称和能力。

再次，职称为你的升职加薪打开窗口。职称一般与工资福利挂钩，也与职务升迁挂钩。

最后，职称体现了你的社会地位和工作价值。建筑职称代表了你在建筑行业的学识水平和工作实绩，是一个被社会广泛接受、认可的评价。建筑职称的颁发也体现了社会对你所学知识的尊重、对你这个人才的尊重。

建老师： 在建筑行业，职称的意义是很重要的，想要更好更快发展，想要付出得到回报，就要规划好自己的人生，把握好现在，时刻提醒自己要努力学习和实践，提高自己的综合素质，不断积累更加丰富的人生经验，朝着更好的方向坚定地走下去，为自己的未来和家人的幸福生活而努力。

任务3 如何选择专业方向

建老师：中等职业教育实行“选择性”课程改革以后，学生拥有了自主选择专业、课程和学制等的权利，但是拥有了选择权并不代表能用好选择权。小美，你会选择吗？

小　美：老师您之前问我将来想做什么，我就没有答案，现在我还是有这样的困惑，各个专业方向看起来都很好啊，我该选哪个呢？

建老师：虽然中等职业教育学习阶段所选的专业方向未必就是你将来从事的工作方向，但是两者的差距越小，将来你踏上工作岗位就越得心应手，所以专业方向的选择至关重要。

小　美：有什么方法可以帮助我做出选择吗？

建老师：有啊。下面我们来学一学如何利用“4Q法”选择专业方向。

任务主题：利用“4Q法”指导自己进行专业方向的选择。

任务实施方式：自我测评、实践体验、信息检索等。

任务实施路径：按照自己的真实感受和想法回答测评题目，并对照统计方法得出测评结果，了解自己的兴趣、能力、资源、需求，结合专业体验的感受和体会，指导自己进行专业方向选择。

第一问 喜欢干什么？

建老师：兴趣影响个体参加活动的积极性，这在建筑职业选择领域也一样。只有选择了自己感兴趣的专业方向，才能使自己的心理活动处于兴奋状态，让自己全身心地投入进去，最大限度地发挥心理潜力，并体验到建筑行业的乐趣。

探索自己的兴趣岛

假如你获得了一次免费度假游的机会，有机会去6个岛屿中的1个。唯一的要求是你必须要在这个岛上待至少半年的时间。请不要考虑其他因素，仅凭自己的兴趣按顺序选出你想前往的 3 个岛屿。

R：自然原始的岛屿。岛上自然生态保持得很好，有各种野生动物。居民以手工见长，自己种植花果蔬菜，修缮房屋，打造器物，制作工具，喜欢户外运动。

I：深思冥想的岛屿。岛上有多处天文馆、科技博览馆及图书馆。居民喜好观察、学习，崇尚和追求真知，常有机会和来自各地的哲学家、科学家、心理学家等交换心得。

A：美丽浪漫的岛屿。岛上有许多美术馆、音乐厅、街头雕塑和街边艺人，弥漫着浓厚的艺术文化气息。居民保留了传统的舞蹈、音乐与绘画，许多文艺界人士都喜欢来这里找寻灵感。

E：显赫富庶的岛屿。居民善于企业经营和贸易，能言善辩。岛上经济高度发展，处处是高级饭店、俱乐部、高尔夫球场。往来者多是企业家、经理人、政治家、律师等。

C：现代、井然的岛屿。岛上建筑十分现代化，是进步的都市形态，以完善的户政管理、地政管理、金融管理见长。岛民个性冷静保守，处事有条不紊，善于组织规划，细心高效。

S：友善亲切的岛屿。居民个性温和、友善、乐于助人，社区均自成一个密切互动的服务网络，人们重视互助合作，重视教育，关怀他人，充满人文气息。

你的选择是：

建老师： 人与人的职业兴趣有很大的差别，这些兴趣倾向本身并没有好坏之分，不同的兴趣倾向都可以对应适合的专业方向和岗位。通过下面的表格（表 8-3-1），来看一看你们的特点描述和岗位建议吧。但是记住，测评结果并不是诊断性的、贴标签式的，它只能作为你们做出选择的参考。

小　美： 嗯，记住了。

建老师： 友情提醒，探索时可以结合项目 3 任务 3“建筑‘三剑客’登场”的相关信息。

表 8-3-1　不同兴趣倾向的个人特点及建筑行业岗位建议

型态	个人特点	建筑行业岗位建议（仅供参考）
现实型 R 	具有顺从、坦率、谦虚、自然、坚毅、实际、有礼、害羞、稳健、节俭的特征，表现为： 喜爱实用性的职业或环境，避免社会性的职业或环境； 用具体实际的能力解决工作及其他方面的问题，较缺乏人际关系方面的能力； 重视具体的事物，如金钱、权力、地位等	在建筑工程施工与管理类企业从事技术技能类岗位，可在施工、监理、咨询类企业从技术员做起
研究型 I 	具有善分析、谨慎、好奇、独立、聪明、内向、有条理、谦逊、精确、保守的特征，表现为： 喜爱研究性的职业或环境，避免企业性的职业或环境； 善于用研究的能力解决工作及其他方面的问题，即自觉、好学、自信，重视科学，但缺乏领导方面的才能	建筑专业理论研究类单位与岗位，可在建筑技术、建筑材料等研究院或大专院校从事研究或教学工作
艺术型 A 	具有复杂、想象力丰富、冲动、独立、无秩序、情绪化、理想化、不顺从、有创意、不重实际的特征，表现为： 喜爱艺术性的职业或环境，避免传统性的职业或环境； 富有表现能力，重视审美	艺术设计类单位与岗位，可在建筑装饰、平面设计类企业从事绘图、设计等工作，从助理设计师做起
企业型 E 	具有爱冒险、有进取心、冲动、乐观、自信、追求享受、精力充沛、善社交、爱获取注意等特征，表现为： 喜欢企业性的职业或环境，避免研究性的职业或环境，会以企业方面的能力解决工作或其他方面的问题； 领导与语言能力强，缺乏科学能力，但重视政治与经济上的成就	在建筑行业各类企业从事行政管理或技术管理岗位工作，行政管理可从一般管理人员做起，技术管理从项目部一般技术人员做起，同时适合自主创业
传统型 C 	具有顺从、谨慎、保守、坚毅、实际、稳重、有效率、缺乏想象力等特征，表现为： 喜欢传统性的职业或环境，避免艺术性的职业或环境，会以传统的能力解决工作或其他方面的问题； 喜欢顺从，有规律，有文书与数字能力，并重视商业与经济上的成就	在建筑行业各类企业从事各类专业技术工作，从工、员级做起

续表

型态	个人特点	建筑行业岗位建议（仅供参考）
社会型 S 	具有易合作、友善、慷慨、乐于助人、负责、善社交、善解人意、理想主义等特征，表现为： 喜爱社会性的职业或环境，避免实用性的职业或环境，会以社交方面的能力解决工作及其他方面的问题，但缺乏机械能力与科学能力； 喜欢帮助别人、了解别人，有教导别人的能力，且重视社会与伦理的活动与问题	各类企业员工

第二问　能够干什么？

建老师： 一个人在岗位 A 遇到较大的困难，却完全有可能在岗位 B 获得很大的成功。在考虑专业方向的选择时，能力倾向是重要的因素。

哈佛大学教授加德纳将人类的智能分成 8 个方面，分别是语言智能、逻辑 - 数理智能、视觉空间智能、身体运动智能、音乐智能、人际关系智能、自我认知智能、自然观察智能。所以对大家来说，不是谁更聪明的问题，而是每个人怎样聪明的问题。

自我智能大盘点

测一测：根据自己的实际情况在表 8-3-2 ~ 表 8-3-9 中每项内容后面的数字上画圈。“1”代表完全不符合，“5”代表完全符合，数值越大代表符合程度越高。

表 8-3-2　语言智能自我盘点

语言智能					
热爱阅读、写作、谈话	1	2	3	4	5
能通过书写或言谈准确表达自己的想法	1	2	3	4	5
上课喜欢发表意见	1	2	3	4	5
喜欢玩文字游戏	1	2	3	4	5
擅长记人名、地点、日期	1	2	3	4	5

表 8-3-3　逻辑 - 数理智能自我盘点

逻辑 - 数理智能					
准确快速解决各种数学问题	1	2	3	4	5
擅长公式记忆和策略总结	1	2	3	4	5
喜欢辩论、创造、将事物归类	1	2	3	4	5
喜欢象棋或其他策略游戏	1	2	3	4	5
喜欢逻辑难题或智能难题	1	2	3	4	5

表 8-3-4　视觉空间智能自我盘点

视觉空间智能					
喜欢素描、画图、玩黏土	1	2	3	4	5
方向感和理解地图能力强	1	2	3	4	5
喜欢看电影、幻灯片或其他视觉表演	1	2	3	4	5
喜欢玩拼图、走迷宫	1	2	3	4	5
喜欢组合立体模型	1	2	3	4	5

表 8-3-5　身体运动智能自我盘点

身体运动智能					
擅长一种或多种体育运动	1	2	3	4	5
喜欢拆分然后再组装物品	1	2	3	4	5
有熟练的手工技能	1	2	3	4	5
善于用肢体动作来表达自己	1	2	3	4	5
喜欢动手做的活动	1	2	3	4	5

表 8-3-6　音乐智能自我盘点

音乐智能					
在工作或走路时喜欢哼哼唱唱	1	2	3	4	5
能够轻易记住歌曲的旋律	1	2	3	4	5
喜欢编组曲调或旋律	1	2	3	4	5
能弹奏一种乐器或参加合唱团	1	2	3	4	5
喜欢欣赏音乐	1	2	3	4	5

表 8-3-7　人际关系智能自我盘点

人际关系智能					
爱与同伴交往	1	2	3	4	5
善于倾听与沟通	1	2	3	4	5
喜欢和他人一起做事或玩游戏	1	2	3	4	5
能够时时关心别人	1	2	3	4	5
能在团队中与人分工合作	1	2	3	4	5

表 8-3-8　自我认知智能自我盘点

自我认知智能					
清楚地了解自己的优、缺点	1	2	3	4	5
可以独自玩耍或学习	1	2	3	4	5
常常会自我反省	1	2	3	4	5
能以各种方法表达自己的内在感情	1	2	3	4	5
能自我设定目标并努力实现	1	2	3	4	5

表 8-3-9　自然观察智能自我盘点

自然观察智能					
喜欢接近大自然环境	1	2	3	4	5
对动物有强烈的好奇心	1	2	3	4	5
喜欢栽种、欣赏植物	1	2	3	4	5
喜欢收集大自然的物品，如奇石、贝壳等	1	2	3	4	5
能辨别动植物的种类	1	2	3	4	5

建老师： 对每一项智能的得分求和，填写在表 8-3-10 中。在每一项智能的评估中，数值越大，表示该智能表现越好。把你们的智能表现描绘在“智能树”（图 8-3-1）的 8 个枝丫上。表现越好的，添加越茂盛的树叶。

表 8-3-10　自我智能大盘点得分

智能名称	得分	智能名称	得分
语言智能		逻辑 - 数理智能	
视觉空间智能		身体运动智能	
音乐智能		人际关系智能	
自我认知智能		自然观察智能	

图 8-3-1　我的智能树

试一试：课后邀请了解自己的老师、同伴用另外一种颜色的彩笔继续为“智能树”添枝加叶，看看别人眼中和自己眼中的自己有哪些异同。

建老师： 每种专业方向都有一些特殊的能力要求，在建筑领域也一样，不同方面的智能可以在建筑专业学习的不同领域发挥作用。

例如，建筑工程施工专业方向中的建筑工程施工需要动手能力，即身体运动智能；工程造价专业方向中的预算与结算需要逻辑 - 数理智能；建筑装饰专业方向中的建筑绘画速写需要培养创新意识和对艺术的创造能力，即视觉空间智能和自然观察智能。

想一想：自己哪些方面的智能比较有优势？哪些方面需要在今后重点发展？自己的“智能树”会和“三剑客”中谁的比较像？填写在下面的方框中。

建老师：在根据能力特长选择专业方向时，一方面要考虑自己的能力倾向，另一方面要考虑各种专业方向需要具有什么样的能力倾向，尽量让两者匹配！

第三问 已经拥有些什么？

建老师：一个好汉三个帮，众人拾柴火焰高。每个人的发展都离不开亲朋好友和师长的支持。梳理自己拥有的资源，发掘出其中可供自己借鉴的资源，有利于大家决定专业定位。发挥好这些资源的作用，也将大大有助于大家的专业学习和发展。

画一画：请把家庭成员的职业填在下面的家庭职业树（图 8-3-2）上。

图 8-3-2 我的家庭职业树

我的家庭成员从事最多的职业是________________。

其中最让我羡慕的职业是________________。

我最不喜欢的职业是________________。

他们为什么会从事现在的职业？________________。

他们取得职业成功的秘诀是________________。

家人希望我学习的专业是________________。

家庭成员从事的与建筑相关的职业是________________。

我拥有的其他有利于专业学习的资源有：

小　美：我有两个发现。一个是，原来一个人的职业选择，常常会受到一些对自己很重要的人的影响，或者是受限于客观条件不得不做出那样的选择。有的时候是自己想做的，有的时候却很无奈，但大家依然在岗位上努力地工作。另一个是，我身边其实有很多人在关心我，也愿意为我将来的职业发展提供帮助，这是最让我高兴的，我突然有点儿期待将来参加工作的那一天了。

建老师：能有这样的收获，老师真为你感到高兴啊！

第四问　社会需要什么样的建筑人？

建老师：社会需不需要，这是专业选择是否成功的基本保证。社会需求情况是指全国、全省、全市的职业岗位需求状况，以及由于社会产业结构、行业结构、职业结构调整带来的需求变化。

知己知彼，才能百战不殆。想要对未来岗位的动态资料有一定的了解，大家可以通过国家和各级政府发布的经济和社会发展规划，各求职网站发布的信息，电视、广播等媒体所提供的信息等来了解。

找一找：通过互联网查找、老师采访等方式，找出学校建筑专业分专业方向分别对应着社会上的哪些岗位需求，填写表8-3-11。

表 8-3-11　建筑专业与社会岗位需求

专业方向	岗位需求	信息来源	岗位要求

小　美：这个“4Q 法”真有用，回答这 4 个问题的过程，给了我很多启发，我好像知道该怎么去选择，怎么去规划自己的职业生涯了。

建老师：回答了“4Q 法”的 4 个问题，只是迈出了职业生涯规划的第一步，接下来大家还需要在专业老师的指导下，结合参加专业体验、职业体验活动的感受和体会，完成更完整的职业生涯规划，并且在实践的过程中不断调整，真正实现“自己的未来自己做主”。老师还想告诉大家的是，预测个人职业选择最有效的方法是“询问这个人自己想做什么”。所以，要多问问自己“我最想做什么”。

小　美：我最想做什么？我最想做____________________！

参考文献
REFERENCE

[1] 重庆大学，同济大学，哈尔滨工业大学. 土木工程施工［M］. 3版. 北京：中国建筑工业出版社，2016.

[2] 何辉，吴瑛. 建筑工程计价新教材［M］. 杭州：浙江人民出版社，2011.

[3] 王喜梅，谭禾丰. 学生安全知识［M］. 北京：机械工业出版社，2008.

[4] 汤光伟，秦辉. 世界各国发展职业教育的成功经验及对中国职业教育发展的启示［J］. 武汉职业技术学院学报，2009，8（2）.